ADVANCED MATHEMATICS

高等数学

张玉祥 ◎编著

厦门大学出版社
XIAMEN UNIVERSITY PRESS
国家一级出版社
全国百佳图书出版单位

图书在版编目(CIP)数据

高等数学/张玉祥编著.—厦门:厦门大学出版社,2018.7(2019.8重印)

ISBN 978-7-5615-6983-2

Ⅰ.①高… Ⅱ.①张… Ⅲ.①高等数学-高等学校-教材 Ⅳ.①O13

中国版本图书馆 CIP 数据核字(2018)第 117245 号

出 版 人	郑文礼
责任编辑	眭 蔚
封面设计	蒋卓群
技术编辑	许克华

出版发行 厦门大学出版社

社　　址 厦门市软件园二期望海路 39 号

邮政编码 361008

总 编 办 0592-2182177　0592-2181406(传真)

营销中心 0592-2184458　0592-2181365

网　　址 http://www.xmupress.com

邮　　箱 xmup@xmupress.com

印　　刷 三明市华光印务有限公司

开本 787 mm×1 092 mm　1/16

印张 9.75

字数 200 千字

版次 2018 年 7 月第 1 版

印次 2019 年 8 月第 2 次印刷

定价 30.00 元

厦门大学出版社
微信二维码

厦门大学出版社
微博二维码

前　言

　　高等数学是高职高专院校学生必修的一门公共课.本书是根据教育部制定的《高职高专教育高等数学课程教学基本要求》而编写的.本书基于高职高专教育的特殊性、层次教学的要求和课程的特点,在不违背科学性的前提下,贯彻"以应用为指导思想,以必需、够用为度"的原则,淡化数学的严密性,提供直观、通俗的说明和解释.

　　本书的特点:

　　1. 基础性.以一元函数微积分的基本知识和计算技能为主线,培养学生应用数学的意识、兴趣和计算能力,让学生学会用数学的思维分析和解决实际问题,将所学的数学基础理论知识融会贯通,为今后的学习和工作打下坚实的数学基础.

　　2. 适用性.本书以高等数学的基本知识和基础知识为主,内容简单但广阔,不注重于理论证明,适合现有高职高专院校的数学教学.书中例题多,习题多,极其适合专科升本科的教学.

　　由于编者水平有限,书中难免存在错误与不足之处,恳请读者批评指正.

编　者

2018 年 7 月

目　录

预备知识

第一部分　　基本公式

1. $(a \pm b)^2 = a^2 \pm 2ab + b^2$；

2. $a^2 - b^2 = (a + b)(a - b)$；

3. $(a \pm b)^3 = a^3 \pm 3a^2b + 3ab^2 \pm b^3$.

第二部分　　指数公式和对数公式

2.1　指数公式

1. $a^m \cdot a^n = a^{m+n}$；

2. $\dfrac{a^m}{a^n} = a^{m-n}$；

3. $a^{mn} = (a^m)^n$；

4. $a^{-m} = \dfrac{1}{a^m}$；

5. $a^{\frac{m}{n}} = \sqrt[n]{a^m}$；

6. $a^{-\frac{m}{n}} = \dfrac{1}{\sqrt[n]{a^m}}$.

如：$e^0 = 1, e^{3x} = (e^3)^x = (e^x)^3, 2^{-\frac{3}{2}} = \dfrac{1}{\sqrt{2^3}} = \dfrac{\sqrt{2}}{4}, \dfrac{x^2}{x^{\frac{2}{3}}} = x^{2-\frac{2}{3}} = x^{\frac{4}{3}}$,

$2^{3x} \times 3^{-2x} = (2^3)^x \times (3^{-2})^x = (2^3 \times 3^{-2})^x = \left(\dfrac{8}{9}\right)^x$.

2.2 对数公式

1. $\log_c 1 = 0$；

2. $\log_c c = 1$；

3. $\log_c a + \log_c b = \log_c ab$；

4. $\log_c a - \log_c b = \log_c \dfrac{a}{b}$；

5. $\log_c a^m = m \log_c a$；

6. $\log_c c^a = a$；

7. $c^{\log_c a} = a$；

8. $\log_b a = \dfrac{\log_c a}{\log_c b}$.

如：$\ln 6 - \ln 3 = \ln \dfrac{6}{3} = \ln 2, \ln 10 = \ln(2 \times 5) = \ln 2 + \ln 5, \ln 8 = \ln 2^3 = 3\ln 2$,

$\ln \dfrac{1}{8} = \ln \left(\dfrac{1}{2}\right)^3 = \ln 2^{-3} = -3\ln 2, \ln e^3 = 3, e^{\ln 3} = 3, \log_2 3 = \dfrac{\ln 3}{\ln 2}$.

第三部分　　三角函数和反三角函数

3.1 弧度制

1. 弧度制

弧度制是另一种度量角的单位制，它的单位是 rad，读作弧度．

定义　　长度等于半径长的弧所对的圆心角称为 1 弧度的角，记为 1 rad.

如图 0.1，$\angle AOB = 1$ rad，$\angle AOC = 2$ rad，$360° = 2\pi$ rad.

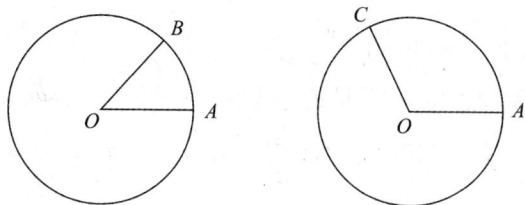

图 0.1

注：(1) 正角的弧度数是正数，负角的弧度数是负数，零角的弧度数是 0.

(2) 角 α 的弧度数的绝对值 $|\alpha| = \dfrac{l}{r}$(l 为弧长，r 为半径).

(3) 用角度制和弧度制来度量零角，单位不同，但数量相同（都是 0）；用角度制和弧度制来度量任一非零角，单位不同，数量也不同.

2. 角度制与弧度制的换算

由 $360° = 2\pi$ rad，得 $180° = \pi$ rad，所以

$$1° = \frac{\pi}{180} \text{ rad} \approx 0.01745 \text{ rad}, \quad 1 \text{ rad} = \left(\frac{180}{\pi}\right)° \approx 57.30° = 57°18'.$$

例 1 把 $67°30'$ 化成弧度.

解 $67°30' = \left(67\dfrac{1}{2}\right)°$，所以 $67°30' = \dfrac{\pi}{180} \text{ rad} \times 67\dfrac{1}{2} = \dfrac{3}{8}\pi \text{ rad}.$

例 2 把 $\dfrac{3}{5}\pi$ rad 化成度.

解 $\dfrac{3}{5}\pi \text{ rad} = \dfrac{3}{5} \times 180° = 108°.$

注：(1)今后在具体运算时，"弧度"二字和单位符号"rad"可以省略.如 3 表示 3 rad，$\sin\pi$ 表示 π rad 角的正弦；

(2)$1° = 60'$，$1' = 60''$.

3.2 任意角的三角函数

1. 正弦、余弦、正切、余切、正割、余割的定义

(1) 设 α 是一个任意角,在 α 的终边上任取(异于原点的)一点 $P(x,y)$,则 P 与原点的距离 $r=\sqrt{|x|^2+|y|^2}=\sqrt{x^2+y^2}>0$(如图 0.2).

(2) 比值 $\dfrac{y}{r}$ 叫作 α 的正弦,记作 $\sin\alpha=\dfrac{y}{r}$;

比值 $\dfrac{x}{r}$ 叫作 α 的余弦,记作 $\cos\alpha=\dfrac{x}{r}$;

比值 $\dfrac{y}{x}$ 叫作 α 的正切,记作 $\tan\alpha=\dfrac{y}{x}$;

比值 $\dfrac{x}{y}$ 叫作 α 的余切,记作 $\cot\alpha=\dfrac{x}{y}$;

比值 $\dfrac{r}{x}$ 叫作 α 的正割,记作 $\sec\alpha=\dfrac{r}{x}=\dfrac{1}{\cos\alpha}$;

比值 $\dfrac{r}{y}$ 叫作 α 的余割,记作 $\csc\alpha=\dfrac{r}{y}=\dfrac{1}{\sin\alpha}$.

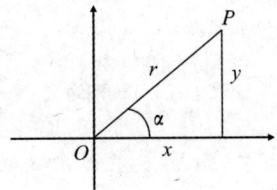

图 0.2

以上六种函数统称为三角函数.

2. 三角函数的定义域、值域

函 数	定 义 域	值 域
$y=\sin\alpha$	$\mathbf{R}$	$[-1,1]$
$y=\cos\alpha$	$\mathbf{R}$	$[-1,1]$
$y=\tan\alpha$	$\{\alpha \mid \alpha \neq \dfrac{\pi}{2}+k\pi, k\in\mathbf{Z}\}$	$\mathbf{R}$

3. 特殊角的三角函数

函数 \ 角度	$0°$	$30°$	$45°$	$60°$	$90°$	$120°$	$135°$	$150°$	$180°$
$y=\sin\alpha$	0	$\dfrac{1}{2}$	$\dfrac{\sqrt{2}}{2}$	$\dfrac{\sqrt{3}}{2}$	1	$\dfrac{\sqrt{3}}{2}$	$\dfrac{\sqrt{2}}{2}$	$\dfrac{1}{2}$	0

续表

角度 函数	0°	30°	45°	60°	90°	120°	135°	150°	180°
$y = \cos\alpha$	1	$\dfrac{\sqrt{3}}{2}$	$\dfrac{\sqrt{2}}{2}$	$\dfrac{1}{2}$	0	$-\dfrac{1}{2}$	$-\dfrac{\sqrt{2}}{2}$	$-\dfrac{\sqrt{3}}{2}$	-1
$y = \tan\alpha$	0	$\dfrac{\sqrt{3}}{3}$	1	$\sqrt{3}$	不存在	$-\sqrt{3}$	-1	$-\dfrac{\sqrt{3}}{3}$	0

3.3　同角三角函数的关系

1. 公式

(1) 倒数关系：$\begin{cases} \sin\alpha \cdot \csc\alpha = 1 \\ \cos\alpha \cdot \sec\alpha = 1; \\ \tan\alpha \cdot \cot\alpha = 1 \end{cases}$

(2) 商数关系：$\begin{cases} \tan\alpha = \dfrac{\sin\alpha}{\cos\alpha} \\[2mm] \cot\alpha = \dfrac{\cos\alpha}{\sin\alpha} \end{cases}$;

(3) 平方关系：$\begin{cases} \sin^2\alpha + \cos^2\alpha = 1 \\ 1 + \tan^2\alpha = \sec^2\alpha. \\ 1 + \cot^2\alpha = \csc^2\alpha \end{cases}$

2. 二倍角的正弦、余弦

(1) $\sin 2x = 2\sin x \cos x$.

(2) $\cos 2x = \cos^2 x - \sin^2 x = 2\cos^2 x - 1 = 1 - 2\sin^2 x$.

可推导出：$1 - \cos 2x = 2\sin^2 x$，$1 + \cos 2x = 2\cos^2 x$，$\sin^2 x = \dfrac{1 - \cos 2x}{2}$，

$\cos^2 x = \dfrac{1 + \cos 2x}{2}$.

3.4 反三角函数

定义1 正弦函数 $y = \sin x \left(x \in \left[-\dfrac{\pi}{2}, \dfrac{\pi}{2} \right] \right)$ 的反函数称为反正弦函数,记作 $x = \arcsin y$,习惯记作 $y = \arcsin x$,$x \in [-1, 1]$,$y \in \left[-\dfrac{\pi}{2}, \dfrac{\pi}{2} \right]$.

若 $x = a \in [-1, 1]$,有 $y = \arcsin a$,这里的 "arcsin" 表示一个角.这个角的正弦值是 a,即 $\sin(\arcsin a) = a \ (a \in [-1, 1])$.如:因为 $\sin \dfrac{\pi}{2} = 1$,所以 $\arcsin 1 = \dfrac{\pi}{2}$.又如:因为 $\sin \dfrac{\pi}{6} = \dfrac{1}{2}$,所以 $\arcsin \dfrac{1}{2} = \dfrac{\pi}{6}$.

定义2 余弦函数 $y = \cos x \ (x \in [0, \pi])$ 的反函数叫反余弦函数,记作 $x = \arccos y$,习惯记作 $y = \arccos x$ $x \in [-1, 1]$,$y \in [0, \pi]$.如:因为 $\cos \dfrac{\pi}{3} = \dfrac{1}{2}$,所以 $\arccos \dfrac{1}{2} = \dfrac{\pi}{3}$.又如:因为 $\cos \dfrac{2\pi}{3} = -\dfrac{1}{2}$,所以 $\arccos \left(-\dfrac{1}{2} \right) = \dfrac{2\pi}{3}$.

例1 求下列各式的值:

$(1) \arcsin 0$;$(2) \arcsin \left(-\dfrac{1}{2} \right)$;$(3) \arccos \dfrac{\sqrt{3}}{2}$;$(4) \arccos 0$;$(5) \arccos 1$.

解 (1) 因为 $\sin 0 = 0$,所以 $\arcsin 0 = 0$;

(2) 因为 $\sin \left(-\dfrac{\pi}{6} \right) = -\dfrac{1}{2}$,所以 $\arcsin \left(-\dfrac{1}{2} \right) = -\dfrac{\pi}{6}$;

(3) 因为 $\cos \dfrac{\pi}{6} = \dfrac{\sqrt{3}}{2}$,所以 $\arccos \dfrac{\sqrt{3}}{2} = \dfrac{\pi}{6}$;

(4) 因为 $\cos \dfrac{\pi}{2} = 0$,所以 $\arccos 0 = \dfrac{\pi}{2}$;

(5) 因为 $\cos 0 = 1$,所以 $\arccos 1 = 0$.

定义3 正切函数 $y = \tan x \left(x \in \left(-\dfrac{\pi}{2}, \dfrac{\pi}{2} \right) \right)$ 的反函数叫反正切函数,记作 $x = \arctan y$,习惯记作 $y = \arctan x$,$x \in \mathbf{R}$,$y \in \left(-\dfrac{\pi}{2}, \dfrac{\pi}{2} \right)$.

定义 4 余切函数 $y = \cot x \, (x \in (0, \pi))$ 的反函数叫反余切函数,记作 $x = \operatorname{arccot} y$,习惯记作 $y = \operatorname{arccot} x$,$x \in \mathbf{R}$,$y \in (0, \pi)$.

例 2 求下列各式的值:

$(1) \arctan \sqrt{3}$;$(2) \arctan 1$;$(3) \arctan \left(-\dfrac{\sqrt{3}}{3} \right)$.

解 (1) 因为 $\tan \dfrac{\pi}{3} = \sqrt{3}$,所以 $\arctan \sqrt{3} = \dfrac{\pi}{3}$;

(2) 因为 $\tan \dfrac{\pi}{4} = 1$,所以 $\arctan 1 = \dfrac{\pi}{4}$;

(3) 因为 $\tan \left(-\dfrac{\pi}{6} \right) = -\dfrac{\sqrt{3}}{3}$,所以 $\arctan \left(-\dfrac{\sqrt{3}}{3} \right) = -\dfrac{\pi}{6}$.

习题

1. 已知角 α 的终边过点 $(1, \sqrt{3})$,求 α 的六个三角函数值.

2. 计算:$\sin 315° - \sin(-480°) + \cos(-330°)$.

3. 求下列反三角函数的值:

$(1) \arcsin \left(-\dfrac{\sqrt{2}}{2} \right)$; $\qquad\qquad (2) \arccos \dfrac{\sqrt{2}}{2}$;

$(3) \arccos \left(-\dfrac{\sqrt{2}}{2} \right)$; $\qquad\qquad (4) \arctan(-1)$;

$(5) \arctan \dfrac{\sqrt{3}}{3}$.

第一章　　函数、极限与连续

函数是微积分的基础知识；极限是微积分的重要工具，如导数和定积分都是通过极限定义.本章将在中学数学的基础上进一步对函数进行探究，理解函数的性质和连续函数等，同时探讨极限的概念及计算方法.

1.1　函数

1.1.1　基本初等函数

把常数函数 $y=c$（c 为常数），幂函数 $y=x^a$（α 为常数），指数函数 $y=a^x$（$a>0,a\neq 1,a$ 为常数），对数函数 $y=\log_a x$（$a>0,a\neq 1,a$ 为常数），6个三角函数和4个反三角函数统称为基本初等函数.

注：常数函数、幂函数、指数函数、对数函数随着常数 c、α 和 a 的取值不同，可以得到无穷多的基本初等函数.

1.1.2　复合函数

设 y 是 u 的函数 $y=f(u)$，u 是 x 的函数 $u=\varphi(x)$，则称 $y=f[\varphi(x)]$ 是复合函数，u 称为中间变量.

通常，用字母 u,v,w,s,t 等表示复合函数的中间变量.

注：（1）函数 $y=f(u)$ 的定义域与函数 $u=\varphi(x)$ 的值域要有非空交集.

(2)复合函数分解出来的函数是基本初等函数或基本初等函数与基本初等函数四则运算所得到的函数.

例 1 将下列各题中的 y 表示为 x 的函数.

(1)$y = e^u$,$u = \cos x$;(2)$y = \ln u$,$u = -2x^2 - 3$.

解 (1)$y = e^{\cos x}$.

(2)函数 $y = \ln u$ 定义域为 $u > 0$,函数 $u = -2x^2 - 3$ 值域为 $u \leqslant -3$.无交集,所以,不能复合成一个函数.

例 2 分解下列复合函数.

(1)$y = e^{-2x}$;(2)$y = 5\ln^3\sqrt{2x} - 3x$;(3)$y = \sin^3[\cos 2(x-1)] + 2\sqrt{x-1}$.

解 (1)$y = e^u$,$u = -2x$;

(2)$y = 5u^3 - 3x$,$u = \ln v$,$v = \sqrt{w}$,$w = 2x$;

(3)$y = u^3 + 2\sqrt{v}$,$u = \sin w$,$v = x - 1$,$w = \cos t$,$t = 2(x-1)$.

1.1.3 初等函数

由基本初等函数经过有限次四则运算或经过有限次复合步骤所构成的可用一个式子表示的函数,称为初等函数.

注:分段函数不是初等函数.

但有的分段函数也可以用一个解析式表示,例如 $y = \begin{cases} x & x > 0 \\ -x & x \leqslant 0 \end{cases}$ 可表示为 $y = |x|$,或表示为 $y = \sqrt{x^2}$,因此,它是初等函数.又例如,$y = e^{-2x} - \sin 3x$,$y = x \cdot \ln^2 x$,$y = 2\tan x - \arctan \dfrac{1}{x}$ 等都是初等函数.

不难发现,我们过去所见过的函数除了分段函数,一般都是初等函数.

1.1.4 函数的定义域

函数自变量 x 的取值范围称为函数的定义域.

函数定义域的确定方法:

(1) 分式函数的分母不为 0;

(2) 开偶次根式里的式子要大于或等于 0;

(3) 对数函数的真数要大于 0;

(4) 反正弦和反余弦函数: $-1 \leqslant x \leqslant 1$.

例 3　求下列函数的定义域.

(1) 求 $y = \dfrac{x-1}{\ln x} + \sqrt{4 - x^2}$ 的定义域.

解　由题意得 $\begin{cases} 4 - x^2 \geqslant 0 \\ \ln x \neq 0 \\ x > 0 \end{cases}$, $\begin{cases} -2 \leqslant x \leqslant 2 \\ x \neq 1 \\ x > 0 \end{cases}$,所以 $x \in (0,1) \bigcup (1,2]$.

(2) 求函数 $f(x) = \dfrac{\arccos(x-1)}{\sqrt[3]{x-1}}$ 的定义域.

解　由题意得 $\begin{cases} -1 \leqslant x - 1 \leqslant 1 \\ x - 1 \neq 0 \end{cases}$, $\begin{cases} 0 \leqslant x \leqslant 2 \\ x \neq 1 \end{cases}$,所以 $x \in [0,1) \bigcup (1,2]$.

1.1.5　函数求值

例 4　已知 $f(x) = \begin{cases} -1, x < -2, \\ 0, -2 \leqslant x < 2, \\ 1, x \geqslant 2, \end{cases}$ 求 $f(f(2))$.

解　由题意得 $f(2) = 1, f(f(2)) = f(1) = 0$.

习题 1.1

一、求定义域

1. 函数 $f(x) = \dfrac{1}{\sqrt{x-1}} + \ln(2-x)$ 的定义域为(　　).

A. $\{x \mid x < 2\}$　　　　　　　　　B. $\{x \mid x > 1$ 且 $x \neq 2\}$

C. $\{x \mid 1 < x < 2\}$　　　　　　　　D. $\{x \mid x > 1\}$

2. 设 $f(x) = 2\ln(1 + 2x)$，则 $f(x)$ 的定义域是(　　).

A. $(-\infty, +\infty)$　　　　　　　B. $\left(-\dfrac{1}{2}, +\infty\right)$

C. $\left[-\dfrac{1}{2}, +\infty\right)$　　　　　　　D. $\left(-\infty, -\dfrac{1}{2}\right)$

3. 函数 $f(x) = \dfrac{1}{2-x} + \sqrt{4-x^2}$ 的定义域是(　　).

A. $[-2, 2]$　　　B. $(-2, 2]$　　　C. $[-2, 2)$　　　D. $(-2, 2)$

二、求值

1. 设函数 $f(x) = \begin{cases} \sin x & x \geqslant 0 \\ x^2 - 1 & x < 0 \end{cases}$，求 $f(0), f\left(\dfrac{\pi}{2}\right), f(-1)$.

2. 设 $f(x) = \begin{cases} 0 & x < 0 \\ 2 & x = 0 \\ x^2 & x > 0 \end{cases}$，求 $f\{f[f(-2)]\}$.

三、下列函数由哪些函数复合而成

1. $y = \sin^3(2\ln x)$；　　　　　　　2. $y = \sqrt{e^{5x} + 1}$；

3. $y = \ln[\cot(2x + 5)]$；　　　　　　4. $y = \arccos(e^x + 1)^5$.

1.2　函数的极限

1.2.1　当 $x \to \infty$ 时的极限

当 $|x|$ 无限增大时，函数 $f(x)$ 无限地趋近于一个固定的常数 A，则称当 $|x|$ 无限增大时函数 $f(x)$ 的极限为 A，记为 $\lim\limits_{x \to \infty} f(x) = A$ 或 $f(x) \to A(x \to \infty)$. 此时称函数 $f(x)$ 的极限存在(收敛)，否则称函数 $f(x)$ 的极限不存在(发散).

当 $x > 0$ 且无限增大时，记作 $\lim\limits_{x \to +\infty} f(x) = A$；当 $x < 0$ 且 $|x|$ 无限增大时，记作 $\lim\limits_{x \to -\infty} f(x) = A$.

考察函数 $y = \dfrac{1}{x}$ 的图像，如图 1.1 所示.

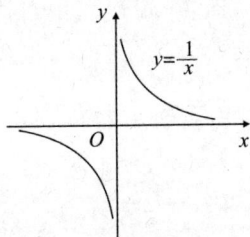

图 1.1

可以看到，当 $|x|$ 无限增大时，$\dfrac{1}{x}$ 无限趋近于零，即函数图形无限趋近于直线 $y = 0(x$ 轴)，所以 $\lim\limits_{x \to \infty}\left(\dfrac{1}{x}\right) = 0$.

结论：$\lim\limits_{x \to \infty} f(x) = A$ 的充分必要条件是 $\lim\limits_{x \to +\infty} f(x) = \lim\limits_{x \to -\infty} f(x) = A$.

注：$\lim\limits_{x \to -\infty} f(x)$ 与 $\lim\limits_{x \to +\infty} f(x)$ 中至少有一个不存在或虽然两个都存在但不相等，则 $\lim\limits_{x \to \infty} f(x)$ 不存在.

例 1　当 $x \to \infty$ 时,考察 $y = \arctan x$ 的极限.

解　如图 1.2 所示.

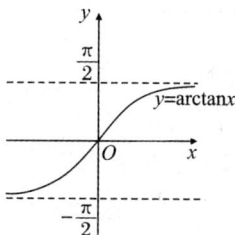

图 1.2

当 $x \to +\infty$ 时,$\arctan x$ 的图像无限趋近于直线 $y = \dfrac{\pi}{2}$,即 $\lim\limits_{x \to +\infty} \arctan x = \dfrac{\pi}{2}$;

当 $x \to -\infty$ 时,$\arctan x$ 的图像无限趋近于直线 $y = -\dfrac{\pi}{2}$,即 $\lim\limits_{x \to -\infty} \arctan x = -\dfrac{\pi}{2}$;

所以,当 $x \to \infty$ 时,函数 $y = \arctan x$ 的极限不存在.

例 2　求 $\lim\limits_{x \to \infty} \mathrm{e}^x$.

解　因为 $\lim\limits_{x \to +\infty} \mathrm{e}^x = +\infty$,$\lim\limits_{x \to -\infty} \mathrm{e}^x = 0$,所以 $\lim\limits_{x \to \infty} \mathrm{e}^x$ 不存在.

例 3　求 $\lim\limits_{n \to \infty} \dfrac{1 + (-1)^n}{2}$.

解　因为 $\lim\limits_{n \to \infty} \dfrac{1 + (-1)^n}{2} = \begin{cases} 0 & n \text{ 为奇数} \\ 1 & n \text{ 为偶数} \end{cases}$,所以 $\lim\limits_{n \to \infty} \dfrac{1 + (-1)^n}{2}$ 不存在.

例 4　求 $\lim\limits_{x \to \infty} \sin x$.

解　因为当 $x \to \infty$ 时,函数 $y = \sin x$ 没有趋近于一个固定的常数,所以 $\lim\limits_{x \to \infty} \sin x$ 不存在.

1.2.2　当 $x \to x_0$ 时的极限

考察当 $x \to 0$ 时,函数 $f(x) = 3x + 1 \to ?$

列表观察:

x	$\cdots$	-0.01	-0.001	-0.0001	$\cdots$	0	$\cdots$	0.0001	0.001	0.01	$\cdots$
$f(x)$	$\cdots$	0.97	0.997	0.9997	$\cdots$	1	$\cdots$	1.0003	1.003	1.03	$\cdots$

从表中可以看出当 $x \to 0$(无论 x 从左侧还是从右侧趋于 0) 时,函数 $f(x) = 3x + 1$ 的值总是趋于 1. 这样我们称当 $x \to 0$ 时,函数 $f(x) = 3x + 1$ 的极限为 1,记为 $\lim\limits_{x \to 0}(3x + 1) = 1$.

定义 1　若 x 从 x_0 的左、右两侧无限趋近于 x_0,函数 $f(x)$ 无限趋近于一个固定的常数 A,则称 A 为函数 $f(x)$ 当 $x \to x_0 (x \neq x_0)$ 时的极限,记作 $\lim\limits_{x \to x_0} f(x) = A$.

若 x 从 x_0 的右侧无限接近 x_0 时,函数 $f(x)$ 无限接近于一个固定的常数 A,则称 A 为当 $x \to x_0^+ (x > x_0)$ 时函数 $f(x)$ 的右极限,记作 $\lim\limits_{x \to x_0^+} f(x) = A$.

若 x 从 x_0 的左侧无限接近 x_0 时,函数 $f(x)$ 无限接近于一个固定的常数 A,则称 A 为当 $x \to x_0^- (x < x_0)$ 时函数 $f(x)$ 的左极限,记作 $\lim\limits_{x \to x_0^-} f(x) = A$.

结论:$\lim\limits_{x \to x_0} f(x) = A$ 的充分必要条件是 $\lim\limits_{x \to x_0^-} f(x) = \lim\limits_{x \to x_0^+} f(x) = A$.

例 5　当 $x \to 0$ 时,考察函数 $y = \dfrac{1}{x}$ 的极限.

解　如图 1.1,得 $\lim\limits_{x \to 0} \dfrac{1}{x} = \infty$.

例 6　当 $x \to 0$ 时,考察函数 $y = \mathrm{e}^{\frac{1}{x}}$ 的极限.

解　由于 $\lim\limits_{x \to 0^-} f(x) = \lim\limits_{x \to 0^-} \mathrm{e}^{\frac{1}{x}} = 0$, $\lim\limits_{x \to 0^+} f(x) = \lim\limits_{x \to 0^+} \mathrm{e}^{\frac{1}{x}} = +\infty$,

$\lim\limits_{x \to 0^-} f(x) \neq \lim\limits_{x \to 0^+} f(x)$,所以 $\lim\limits_{x \to 0} f(x)$ 不存在.

例 7　设函数 $f(x) = \begin{cases} x - 1 & x < 0 \\ x + 1 & x \geqslant 0 \end{cases}$,试讨论当 $x \to 0, x \to 1, x \to -1$ 时函数 $f(x)$ 的极限.

解　由于 $\lim\limits_{x \to 0^-} f(x) = \lim\limits_{x \to 0^-} (x - 1) = -1$, $\lim\limits_{x \to 0^+} f(x) = \lim\limits_{x \to 0^+} (x + 1) = 1$,

$\lim\limits_{x \to 0^-} f(x) \neq \lim\limits_{x \to 0^+} f(x)$,所以 $\lim\limits_{x \to 0} f(x)$ 不存在;

$$\lim_{x \to 1} f(x) = \lim_{x \to 1}(x+1) = 2; \lim_{x \to -1} f(x) = \lim_{x \to -1}(x-1) = -2.$$

例8 设函数 $f(x) = \begin{cases} x^2 + 2x & x \leqslant 0 \\ x & 0 < x < 1, \text{试讨论当} x \to -1, x \to 0, x \to 1, \\ x-2 & x \geqslant 1 \end{cases}$

$x \to 2$ 时函数 $f(x)$ 的极限.

解 (1) $\lim\limits_{x \to -1} f(x) = \lim\limits_{x \to -1}(x^2 + 2x) = -1;$

(2) 由于 $\lim\limits_{x \to 0^-} f(x) = \lim\limits_{x \to 0^-}(x^2 + 2x) = 0, \lim\limits_{x \to 0^+} f(x) = \lim\limits_{x \to 0^+} x = 0,$

$\lim\limits_{x \to 0^-} f(x) = \lim\limits_{x \to 0^+} f(x)$，所以 $\lim\limits_{x \to 0} f(x) = 0;$

(3) $\lim\limits_{x \to 1^-} f(x) = \lim\limits_{x \to 1^-} x = 1, \lim\limits_{x \to 1^+} f(x) = \lim\limits_{x \to 1^+}(x-2) = -1,$

$\lim\limits_{x \to 1^-} f(x) \neq \lim\limits_{x \to 1^+} f(x)$，所以 $\lim\limits_{x \to 1} f(x)$ 不存在;

(4) $\lim\limits_{x \to 2} f(x) = \lim\limits_{x \to 2}(x-2) = 0.$

例9 设函数 $f(x) = \begin{cases} \dfrac{x^2}{x} & x \neq 0 \\ 1 & x = 0 \end{cases}$，试讨论当 $x \to 0$ 时函数 $f(x)$ 的极限.

解 $\lim\limits_{x \to 0} f(x) = \lim\limits_{x \to 0} \dfrac{x^2}{x} = 0.$

注:(1) $\lim\limits_{x \to x_0} f(x) = A$ 与函数 $f(x)$ 在 x_0 处是否有定义无关.

(2) 若函数的极限不存在但是无穷大时,可以记为 ∞,即 $\lim\limits_{x \to x_0} f(x) = \infty$;否则,只能记为 $\lim\limits_{x \to x_0} f(x)$ 不存在.

(3) 极限是无穷大的集合是极限不存在的集合的真子集.

(4) 当得到两个极限值时要用左、右极限;对于分段函数,当需要用两个函数求极限时要用左、右极限.

习题 1.2

1. 设函数 $f(x)=\begin{cases} x^2+1 & x>1 \\ 1 & x=1 \\ x-1 & x<1 \end{cases}$,讨论 $\lim\limits_{x \to 1} f(x)$ 是否存在.

2. 根据函数 $y=\arctan x$ 的图像,讨论极限 $\lim\limits_{x \to +\infty} \arctan x$ 和 $\lim\limits_{x \to -\infty} \arctan x$ 的值,并由此说明 $\lim\limits_{x \to \infty} \arctan x$ 是否存在.

3. 讨论 $\lim\limits_{x \to 0} \dfrac{|x|}{x}$ 是否存在.

4. 讨论 $\lim\limits_{x \to 0} \dfrac{x^2}{|x|}$ 是否存在.

5. 设函数 $f(x)=\begin{cases} x+1 & x<0 \\ x^2 & 0 \leqslant x<1 \\ 1 & x \geqslant 1 \end{cases}$,判别当 $x \to 0, x \to 1, x \to 2$ 时函数极限的存在性.

1.3 极限的计算

1.3.1 三个公式

1. $\lim\limits_{x \to 0} \dfrac{1}{x} = \infty$.

2. $\lim\limits_{x \to \infty} \dfrac{1}{x} = 0$.

3. $\lim\limits_{x \to +\infty} q^x = 0 \,(\,|\,q\,|<1)$.

注:这三个公式可以直接用在解题过程中,无须说明.

1.3.2 极限的四则运算法则

设有 $\lim\limits_{x \to ?} f(x) = A$, $\lim\limits_{x \to ?} g(x) = B$(假定 x 在同一变化过程中),则有下列运算法则:

法则 1 $\lim\limits_{x \to ?}[f(x) \pm g(x)] = \lim\limits_{x \to ?} f(x) \pm \lim\limits_{x \to ?} g(x) = A \pm B$.

法则 2 $\lim\limits_{x \to ?} cf(x) = c \lim\limits_{x \to ?} f(x) = cA \,(c$ 为常数$)$.

法则 3 $\lim\limits_{x \to ?} f(x) \cdot g(x) = \lim\limits_{x \to ?} f(x) \cdot \lim\limits_{x \to ?} g(x) = A \cdot B$.

法则 4 $\lim\limits_{x \to ?} \dfrac{f(x)}{g(x)} = \dfrac{\lim\limits_{x \to ?} f(x)}{\lim\limits_{x \to ?} g(x)} = \dfrac{A}{B} (B \neq 0)$.

注:(1) 上述法则成立的前提是:自变量 x 是在同一变化过程中,且极限 $\lim\limits_{x \to ?} f(x)$ 和 $\lim\limits_{x \to ?} g(x)$ 都存在,若不满足这两个前提条件,则法则失效;

(2) 法则 1 和法则 3 可以推广到有限多个函数的代数和或乘积的情形;

(3) 用法则 4 一定要保证分母的极限不为零;

(4) 定义中的自变量 $x \to ?$,是六种趋向$(x \to x_0, x \to x_0^+, x \to x_0^-, x \to \infty, x \to +\infty, x \to -\infty)$ 中的一种.

例 1 求 $\lim\limits_{x \to 1} \dfrac{2x^2 - 5}{2x^3 - 3x + 2}$.

解 注意到分母极限不为零,所以原式 $= \dfrac{\lim\limits_{x \to 1}(2x^2 - 5)}{\lim\limits_{x \to 1}(2x^3 - 3x + 2)} = \dfrac{-3}{1} = -3$.

例 2 求 $\lim\limits_{x \to -2} \dfrac{x^2 + 1}{x^2 - 4}$.

解 注意到分母的极限为零,而分子的极限不为零,因此,

$\lim\limits_{x \to -2} \dfrac{x^2 - 4}{x^2 + 1} = \dfrac{\lim\limits_{x \to 2}(x^2 - 4)}{\lim\limits_{x \to 2}(x^2 + 1)} = 0$,所以 $\lim\limits_{x \to -2} \dfrac{x^2 + 1}{x^2 - 4} = \infty$.

例 3 求 $\lim\limits_{x \to 1} \dfrac{x^2 - 1}{x^2 + 1}$.

解 原式 $= 0$.

1.3.3 极限的计算

1. 直接代入法

$\lim\limits_{x \to x_0} f(x) = f(x_0)$,如上面的例题.

2. $\dfrac{0}{0}$ 型

解题思路:分子和分母同时约去公因式.具体的解法(目的是寻找公因式)有:

(1) 因式分解法

例 4 求 $\lim\limits_{x \to 0} \dfrac{x^3 - x^2}{x^4 - x^2}$.

解 原式 $= \lim\limits_{x \to 0} \dfrac{x^2(x - 1)}{x^2(x^2 - 1)} = 1$.

例 5 求 $\lim\limits_{x \to 1} \dfrac{x^3 - x^2}{x^4 - x^2}$.

解 原式 $= \lim\limits_{x \to 1} \dfrac{x^2(x - 1)}{x^2(x - 1)(x + 1)} = \dfrac{1}{2}$.

例 6　求 $\lim\limits_{x \to 3} \dfrac{x^2 - 5x + 6}{x^2 - x - 6}$.

解　原式 $= \lim\limits_{x \to 3} \dfrac{(x-3)(x-2)}{(x-3)(x+2)} = \dfrac{1}{5}$.

（2）有理化法

例 7　求 $\lim\limits_{x \to 1} \dfrac{\sqrt{x+3} - 2}{x - 1}$.

解　原式 $= \lim\limits_{x \to 1} \dfrac{(\sqrt{x+3} - 2)(\sqrt{x+3} + 2)}{(x-1)(\sqrt{x+3} + 2)}$

$\qquad = \lim\limits_{x \to 1} \dfrac{x - 1}{(x-1)(\sqrt{x+3} + 2)} = \dfrac{1}{4}$.

例 8　求 $\lim\limits_{x \to 1} \dfrac{\sqrt{10x - 1} - 3}{\sqrt{5x - 1} - 2}$.

解　原式 $= \lim\limits_{x \to 1} \dfrac{(\sqrt{10x-1} - 3)(\sqrt{10x-1} + 3)(\sqrt{5x-1} + 2)}{(\sqrt{10x-1} + 3)(\sqrt{5x-1} - 2)(\sqrt{5x-1} + 2)}$

$\qquad = \lim\limits_{x \to 1} \dfrac{(10x - 10)(\sqrt{5x-1} + 2)}{(\sqrt{10x-1} + 3)(5x - 5)} = \dfrac{4}{3}$.

3. $\dfrac{\infty}{\infty}$ 型

解题思路：分子和分母同时除以幂次最高的那项.

例 9　求 $\lim\limits_{x \to \infty} \dfrac{2x^2 + 7x - 5}{3x^2 - 8x + 1}$.

解　原式 $= \lim\limits_{x \to \infty} \dfrac{2 + \dfrac{7}{x} - \dfrac{5}{x^2}}{3 - \dfrac{8}{x} + \dfrac{1}{x^2}} = \dfrac{2}{3}$.

例 10　求 $\lim\limits_{x \to \infty} \dfrac{2x^2 + x}{x^3 + 1}$.

解　原式 $= \lim\limits_{x \to \infty} \dfrac{\dfrac{2}{x} + \dfrac{1}{x^2}}{1 + \dfrac{1}{x^3}} = 0$.

例 11 求 $\lim\limits_{x\to\infty}\dfrac{x^2+2x-2}{x+1}$.

解 原式 $=\lim\limits_{x\to\infty}\dfrac{1+\dfrac{2}{x}-\dfrac{2}{x^2}}{\dfrac{1}{x}+\dfrac{1}{x^2}}=\infty$.

例 12 求 $\lim\limits_{x\to\infty}\dfrac{a_0x^n+a_1x^{n-1}+\cdots+a_{n-1}x+a_n}{b_0x^m+b_1x^{m-1}+\cdots+b_{m-1}x+b_m}$.

解 原式 $=\begin{cases} 0 & n<m \\ \dfrac{a_0}{b_0} & n=m \\ \infty & n>m \end{cases}$.

例 13 求 $\lim\limits_{x\to+\infty}\dfrac{(2x^2+3)^8}{(2x-1)^7(1-x)^9}$.

解 原式 $=\lim\limits_{x\to+\infty}\dfrac{\left(2+\dfrac{3}{x^2}\right)^8}{\left(2-\dfrac{1}{x}\right)^7\left(\dfrac{1}{x}-1\right)^9}=\dfrac{2^8}{2^7\times(-1)^9}=-2$.

例 14 求 $\lim\limits_{x\to+\infty}\dfrac{2\cdot 3^x+3\cdot 2^x}{3^{x+1}+2^{x+1}}$.

解 原式 $=\lim\limits_{x\to+\infty}\dfrac{2+3\cdot\left(\dfrac{2}{3}\right)^x}{3+2\cdot\left(\dfrac{2}{3}\right)^x}=\dfrac{2}{3}$.

例 15 求 $\lim\limits_{n\to\infty}\left(\dfrac{1}{n^2}+\dfrac{2}{n^2}+\cdots+\dfrac{n}{n^2}\right)$.

解 先求出数列前 n 项之和再求极限.

$$\text{原式}=\lim\limits_{n\to\infty}\dfrac{\dfrac{n(1+n)}{2}}{n^2}=\lim\limits_{n\to\infty}\dfrac{n^2+n}{2n^2}=\lim\limits_{n\to\infty}\dfrac{1+\dfrac{1}{n}}{2}=\dfrac{1}{2}.$$

4. $\infty-\infty$ 型

解题思路：(1) 通分法；(2) 有理化法.

例 16　求 $\lim\limits_{x\to 1}\left(\dfrac{3}{x-1}-\dfrac{9}{x^2+x-2}\right)$.

解　原式 $=\lim\limits_{x\to 1}\dfrac{3(x+2)-9}{(x-1)(x+2)}$

$$=\lim\limits_{x\to 1}\dfrac{3(x-1)}{(x-1)(x+2)}=1.$$

例 17　求 $\lim\limits_{x\to +\infty}(\sqrt{x+2\sqrt{x}}-\sqrt{x})$.

解　原式 $=\lim\limits_{x\to +\infty}\dfrac{(\sqrt{x+2\sqrt{x}}-\sqrt{x})(\sqrt{x+2\sqrt{x}}+\sqrt{x})}{\sqrt{x+2\sqrt{x}}+\sqrt{x}}$

$$=\lim\limits_{x\to +\infty}\dfrac{2\sqrt{x}}{\sqrt{x+2\sqrt{x}}+\sqrt{x}}$$

$$=\lim\limits_{x\to +\infty}\dfrac{2}{\sqrt{1+2\sqrt{\dfrac{1}{x}}}+1}=1.$$

习题 1.3

1. 下列极限存在的是（　　）.

A. $\lim\limits_{x\to 0}\dfrac{1}{2^x-1}$

B. $\lim\limits_{x\to 0}e^{\frac{1}{x}}$

C. $\lim\limits_{x\to\infty}\dfrac{x^2+1}{x}$

D. $\lim\limits_{x\to\infty}\dfrac{x(x+1)}{x^2+1}$

2. 求下列极限：

(1) $\lim\limits_{x\to 0}\dfrac{3x^2+2x-5}{2x^3-5x+7}$;

(2) $\lim\limits_{x\to 1}\dfrac{2x+9}{x^3-2x+1}$;

(3) $\lim\limits_{x\to 0}\dfrac{4x^3-2x^2+x}{-3x^3+2x}$;

(4) $\lim\limits_{x\to 1}\dfrac{x^3-3x^2+2}{x^2-x+1}$;

(5) $\lim\limits_{x\to 1}\dfrac{x^4+2x^2-3}{x^2-3x+2}$;

(6) $\lim\limits_{x\to 0}\dfrac{\sqrt{x^2+9}-3}{x^2}$.

3. 计算下列极限：

(1) $\lim\limits_{x \to \infty} \dfrac{6x^3 - 7x + 5}{3x^3 + 8x^2 - 2x + 9}$;

(2) $\lim\limits_{x \to \infty} \dfrac{2x^2 + x - 3}{3x^4 + 5x^3 - 7}$;

(3) $\lim\limits_{x \to +\infty} \sqrt{x} \cdot (\sqrt{x+3} - \sqrt{x+4})$;

(4) $\lim\limits_{x \to \infty} \dfrac{(2x-1)^4 + 3}{2x^4 - 5}$;

(5) $\lim\limits_{x \to \infty} \left(\dfrac{2x^5}{1 + 3x^5} - 3^{\frac{1}{x}} \right)$;

(6) $\lim\limits_{x \to \infty} \left(\dfrac{x^3}{2x^2 - 1} - \dfrac{x^2}{2x + 1} \right)$;

(7) $\lim\limits_{n \to \infty} \dfrac{1 + 2 + \cdots + n}{n^2 - 3n}$;

(8) $\lim\limits_{n \to \infty} \dfrac{1 + \dfrac{1}{2} + \dfrac{1}{4} + \cdots + \dfrac{1}{2^n}}{1 + \dfrac{1}{3} + \dfrac{1}{9} + \cdots + \dfrac{1}{3^n}}$.

1.4 无穷小量和无穷大量

1.4.1 无穷小量和无穷大量的概念

1. 定义

定义 1 若 $\lim\limits_{x \to ?} f(x) = 0$，则称当 $x \to ?$ 时，变量 $f(x)$ 为无穷小量，简称无穷小.

例如，$\lim\limits_{x \to 0} x^2 = 0$，所以当 $x \to 0$ 时 x^2 是无穷小；又如 $\lim\limits_{x \to \infty} \dfrac{1}{x} = 0$，所以当 $x \to \infty$ 时 $\dfrac{1}{x}$ 是无穷小；因为 $\lim\limits_{x \to 0^-} \mathrm{e}^{\frac{1}{x}} = 0$，所以当 $x \to 0^-$ 时 $\mathrm{e}^{\frac{1}{x}}$ 是无穷小.

定义 2 若 $\lim\limits_{x \to ?} f(x) = \infty$，则称当 $x \to ?$ 时，变量 $f(x)$ 为无穷大量，简称无穷大.

例如，$\lim\limits_{x \to \infty} x^2 = +\infty$，所以当 $x \to \infty$ 时 x^2 是无穷大；又如 $\lim\limits_{x \to 0} \dfrac{1}{x} = \infty$，所以当 $x \to 0$ 时 $\dfrac{1}{x}$ 是无穷大；因为 $\lim\limits_{x \to 0^+} \mathrm{e}^{\frac{1}{x}} = +\infty$，所以当 $x \to 0^+$ 时 $\mathrm{e}^{\frac{1}{x}}$ 是无穷大.

注：(1) 定义中的自变量 $x \to ?$，是六种趋向（$x \to x_0$，$x \to x_0^+$，$x \to x_0^-$，$x \to \infty$，$x \to +\infty$，$x \to -\infty$）中的一种.

如：$\lim\limits_{x \to +\infty} \mathrm{e}^{-x} = 0$，$\lim\limits_{x \to 0^+} \left(\dfrac{\pi}{2} - \arctan \dfrac{1}{x} \right) = 0$.

(2) 定义 2 中的函数极限 ∞，可以是 $+\infty$ 或 $-\infty$.

(3) 说变量是无穷小（大），要指出自变量 $x \to ?$.

(4) 无穷小（大）是变量，不是常数，但是 0 是无穷小（$\lim\limits_{x \to ?} 0 = 0$）.

例1 自变量 $x \to ?$,下列函数为无穷小量.

$(1) y = x^3 - 8$;$(2) y = \ln(x-1)$;$(3) y = \arctan x$.

解 (1) 因为 $\lim\limits_{x \to 2}(x^3 - 8) = 0$,所以当 $x \to 2$ 时函数 $y = x^3 - 8$ 是无穷小;

(2) 因为 $\lim\limits_{x \to 2}\ln(x-1) = 0$,所以当 $x \to 2$ 时函数 $y = \ln(x-1)$ 是无穷小;

(3) 因为 $\lim\limits_{x \to 0}\arctan x = 0$,所以当 $x \to 0$ 时函数 $y = \arctan x$ 是无穷小.

2. 性质

性质1 有限个无穷小之和仍是无穷小.

性质2 有限个无穷小之积仍是无穷小.

性质3 有界函数与无穷小之积仍是无穷小.

性质4 当 $x \to ?$ 时,若 $f(x)$ 是无穷大,则 $\dfrac{1}{f(x)}$ 是无穷小;反之,若 $f(x)$ 是

无穷小,且 $f(x) \neq 0$,则 $\dfrac{1}{f(x)}$ 是无穷大.

例2 求 $\lim\limits_{x \to \infty}\dfrac{\sin x}{x}$.

解 因为 $\lim\limits_{x \to \infty}\dfrac{1}{x} = 0$,而 $|\sin x| \leqslant 1$,由性质3可得 $\lim\limits_{x \to \infty}\dfrac{\sin x}{x} = 0$.

例3 求 $\lim\limits_{x \to 0} x \sin \dfrac{1}{x^2}$.

解 因为 $\lim\limits_{x \to 0} x = 0$,而 $\left| \sin \dfrac{1}{x^2} \right| \leqslant 1$,根据性质3可得 $\lim\limits_{x \to 0} x \sin \dfrac{1}{x^2} = 0$.

例4 当 $x \to ?$ 时,下列函数为无穷大.

$(1) y = 2x + 3$;$(2) y = e^{-x}$;$(3) y = \dfrac{2}{x-1}$.

解 (1) 因为 $\lim\limits_{x \to \infty}(2x + 3) = \infty$,所以当 $x \to \infty$ 时函数 $y = 2x + 3$ 是无穷大.

(2) 因为 $\lim\limits_{x \to -\infty} e^{-x} = +\infty$,所以当 $x \to -\infty$ 时函数 $y = e^{-x}$ 是无穷大.

(3) 因为 $\lim\limits_{x \to 1}\left(\dfrac{2}{x-1}\right) = \infty$,所以当 $x \to 1$ 时函数 $y = \dfrac{2}{x-1}$ 是无穷大.

1.4.2　无穷小量的比较

当 $x\to?$ 时,两个无穷小的商是什么? 下面,我们给出两个无穷小商的比较定义.

定义 3　设 $\lim\limits_{x\to?}f(x)=0,\lim\limits_{x\to?}g(x)=0$,满足:

(1) 如果 $\lim\limits_{x\to?}\dfrac{f(x)}{g(x)}=0$,则称 $f(x)$ 是比 $g(x)$ 较高阶无穷小;

(2) 如果 $\lim\limits_{x\to?}\dfrac{f(x)}{g(x)}=\infty$,则称 $f(x)$ 是比 $g(x)$ 较低阶无穷小;

(3) 如果 $\lim\limits_{x\to?}\dfrac{f(x)}{g(x)}=c(c\neq0)$,则称 $f(x)$ 与 $g(x)$ 是同阶无穷小;

(4) 如果 $\lim\limits_{x\to?}\dfrac{f(x)}{g(x)}=1$,则称 $f(x)$ 与 $g(x)$ 是等价无穷小.

例如,因为 $\lim\limits_{x\to0}\dfrac{x}{2x}=\dfrac{1}{2}$,所以当 $x\to0$ 时,x 与 $2x$ 是同阶无穷小,表示它们趋近于零的"快慢"差不多,"速度"相当.

因为 $\lim\limits_{x\to0}\dfrac{x^2}{x}=0$,所以当 $x\to0$ 时,x^2 是比 x 较高阶的无穷小,表示 x^2 比 x 趋近于零的"速度"快.

因为 $\lim\limits_{x\to0}\dfrac{x^3+x}{x}=1$,所以当 $x\to0$ 时,x^3+x 与 x 是等价无穷小,表示它们趋近于零的"速度"是一致的.

例 5　当 $x\to3$ 时,比较无穷小 x^2-9 与 $x-3$ 的阶.

解　因为 $\lim\limits_{x\to3}\dfrac{x^2-9}{x-3}=\lim\limits_{x\to3}(x+3)=6$,

所以当 $x\to3$ 时,无穷小 x^2-9 与 $x-3$ 是同阶无穷小.

例 6　当 $x\to0$ 时,比较无穷小 x^3+x^2 与 $2x$ 的阶.

解　$\lim\limits_{x\to0}\dfrac{x^3+x^2}{2x}=\lim\limits_{x\to0}\dfrac{x^2+x}{2}=0.$

所以当 $x\to0$ 时,x^3+x^2 是比 $2x$ 较高阶无穷小.

习题 1.4

1. 选择题

(1) 当 $x \to 0$ 时,无穷小 $2x\mathrm{e}^x$ 是 x 的(　　).

A. 高阶无穷小　　B. 低阶无穷小　　C. 等价无穷小　　D. 同阶非等价无穷小

(2) 当 $x \to 0$ 时,下列函数中为无穷小的是(　　).

A. $x+2$ 　　　　B. x^2 　　　　　C. $(x+1)^2$ 　　D. 2^x

(3) 当 $x \to 0$ 时,下列函数比 x^2 高阶的无穷小是(　　).

A. x 　　　　　B. $\sqrt{1+x^3}-1$ 　C. $2x^2$ 　　　D. $3x^2$

(4) 若 $x \to 0$ 时,$3x$ 与 x 比较是(　　).

A. 高阶无穷小　　B. 低阶无穷小　　C. 同阶无穷小　　D. 等价无穷小

(5) 当 $x \to 0$ 时,下列函数对是等价无穷小的是(　　).

A. x^2 和 $2x$ 　　B. $(\sqrt{x})^2$ 和 x 　C. $\ln x^2$ 和 $\ln x$ 　D. $\sqrt{x^2}$ 和 x

(6) 当 $x \to 0$ 时,下列函数与 $x+100x^3$ 是等价无穷小的是(　　).

A. x 　　　　　B. x^3 　　　　　C. $\sqrt{x}$ 　　　D. $\sqrt[3]{x}$

2. 计算下列极限:

(1) $\lim\limits_{x \to \infty} \dfrac{\cos x}{x}$; 　　　　(2) $\lim\limits_{x \to 0} x^3 \cos \dfrac{1}{x}$; 　　　(3) $\lim\limits_{x \to \infty} \dfrac{x+\sin x}{x-\sin x}$.

3. 自变量在怎样的变化过程中,下列函数是无穷小或无穷大.

(1) $f(x) = \dfrac{x-2}{x}$; 　　　(2) $f(x) = \ln x$; 　　　　(3) $f(x) = 2^x - 1$;

(4) $f(x) = x^3 + 1$; 　　　(5) $f(x) = \sin x$; 　　　　(6) $f(x) = \mathrm{e}^{\frac{1}{x}}$.

4. 当 $x \to 0$ 时,$2x - x^2$ 与 $x^3 - x^2$ 相比,哪一个是较高阶无穷小?

5. 比较下列各组无穷小的阶.

(1) $1-x$ 与 $\dfrac{1}{2}(1-x^2)\;(x \to 1)$; 　　　　(2) $1-x$ 与 $1-\sqrt{x}\;(x \to 1)$.

1.5　函数的连续性

一条曲线若没有断掉,说明这条曲线所对应的函数是连续的,这是函数连续的几何现象.函数连续有许多自然现象,如水的流动,人的身高、体重,地球的自转速度等.

1.5.1　函数的连续

1. 增量

(1) 自变量的增量:$\Delta x = x - x_0$,或 $x = x_0 + \Delta x$;$\Delta x \to 0 \Leftrightarrow x \to x_0$.

(2) 函数的增量:$\Delta y = f(x) - f(x_0)$,或 $\Delta y = f(x_0 + \Delta x) - f(x_0)$;

$\Delta y \to 0 \Leftrightarrow f(x) \to f(x_0)$.

其中,符号"$\Leftrightarrow$"表示"充要条件".

2. 函数在点 x_0 的连续

定义1　设函数 $y = f(x)$ 在点 x_0 及其邻域有定义,如果 $\lim\limits_{x \to x_0} f(x) = f(x_0)$ 成立,则称函数 $f(x)$ 在点 x_0 处是连续的,且称 x_0 为 $f(x)$ 的连续点.

例1　设函数 $f(x) = \begin{cases} 2x^2 & x \leqslant 1 \\ x+1 & x > 1 \end{cases}$,讨论 $y = f(x)$ 在点 $x = 1$ 处的连续性.

解　显然函数 $y = f(x)$ 在点 $x = 1$ 及其邻域有定义,且 $f(1) = 2$.

因为 $\lim\limits_{x \to 1^-} f(x) = \lim\limits_{x \to 1^-} 2x^2 = 2$, $\lim\limits_{x \to 1^+} f(x) = \lim\limits_{x \to 1^+} (x+1) = 2$,

则有 $\lim\limits_{x \to 1} f(x) = 2 = f(1)$,所以函数 $f(x)$ 在点 $x = 1$ 处连续.

例2　设函数 $f(x) = \begin{cases} x\cos\dfrac{1}{x} & x \neq 0 \\ 0 & x = 0 \end{cases}$,讨论 $y = f(x)$ 在点 $x = 0$ 处的连续性.

解　显然函数 $y = f(x)$ 在点 $x = 0$ 及其邻域有定义,且 $f(0) = 0$.

因为 $\lim\limits_{x \to 0} f(x) = \lim\limits_{x \to 0} x\cos\dfrac{1}{x} = 0 = f(0)$,所以函数 $f(x)$ 在点 $x = 0$ 处连续.

1.5.2 函数的间断

不连续则称为间断,所以不连续点也称为间断点.

1. 间断的条件

函数 $f(x)$ 在点 x_0 处间断,至少应符合下列三个条件之一:

(1) 函数 $f(x)$ 在点 x_0 处无定义;

(2) $\lim\limits_{x \to x_0} f(x)$ 不存在;

(3) $\lim\limits_{x \to x_0} f(x) \neq f(x_0)$.

注:连续的条件是 $\lim\limits_{x \to x_0} f(x) = f(x_0)$ 成立.

第一个条件说明这个式子的右边不存在;第二个条件说明这个式子的左边不存在;第三个式子说明了即使这个式子的左右都存在但不相等,还是间断的.

2. 间断的分类

定义2 若函数 $f(x)$ 在点 x_0 处左、右极限都存在,称为第一类型间断;否则,称为第二类型间断.

再把这两类型间断细分为四类间断:

(1) 极限存在的间断称为可去间断.这一类型间断可补充定义使之连续,令

$$f(x) = \begin{cases} f(x) & x \neq x_0 \\ \lim\limits_{x \to x_0} f(x) & x = x_0 \end{cases} \quad 即可.$$

例3 讨论函数 $f(x) = \dfrac{x}{x}$ 在 $x = 0$ 处的连续性.

解 显然函数 $f(x)$ 在 $x = 0$ 处没有定义,所以间断.因为 $\lim\limits_{x \to 0} f(x) = \lim\limits_{x \to 0} \dfrac{x}{x} = 1$,

所以 $x = 0$ 为可去间断点,只要补充定义 $f(0) = 1$,即 $f(x) = \begin{cases} \dfrac{x}{x} & x \neq 0 \\ 1 & x = 0 \end{cases}$,则新的

函数 $f(x)$ 在 $x = 0$ 处连续.

(2) 左、右极限都存在但不相等的间断称为跳跃间断.

例 4　判断函数 $f(x)=\begin{cases}\dfrac{|x|}{x} & x\neq 0 \\ 0 & x=0\end{cases}$ 在 $x=0$ 处是否连续. 若是间断,是什么

类型间断?

解　因为 $\lim\limits_{x\to 0^+}f(x)=\lim\limits_{x\to 0^+}\dfrac{x}{x}=1,\lim\limits_{x\to 0^-}f(x)=\lim\limits_{x\to 0^-}\dfrac{-x}{x}=-1$,所以函数 $f(x)$ 在

$x=0$ 处间断,且 $x=0$ 为跳跃间断点.

注:可去间断和跳跃间断属于第一类型间断,下面两种间断属于第二类型

间断.

(3) 左、右极限至少有一个是 ∞ 的间断称为无穷间断.

例 5　判断函数 $f(x)=e^{\frac{1}{x}}$ 在 $x=0$ 处是否连续.若是间断,是什么类型间断?

解　因为 $\lim\limits_{x\to 0^+}f(x)=\lim\limits_{x\to 0^+}e^{\frac{1}{x}}=+\infty$,所以函数 $f(x)$ 在 $x=0$ 处间断,且 $x=0$ 为

无穷间断点.

(4) 极限不存在且函数值无限振荡的间断称为振荡间断.

例 6　判断函数 $f(x)=\cos\dfrac{1}{x}$ 在 $x=0$ 处是否连续.若是间断,是什么类型间断?

解　显然函数 $f(x)$ 在 $x=0$ 处间断,因为 $\lim\limits_{x\to 0}f(x)=\lim\limits_{x\to 0}\cos\dfrac{1}{x}$ 不存在,且函数

值在区间 $[-1,1]$ 上振荡,所以函数 $f(x)$ 在点 $x=0$ 为振荡间断.

1.5.3　初等函数的连续性

1. 设函数 $y=f(x)$ 在开区间 (a,b) 内有定义,如果 $f(x)$ 在开区间 (a,b) 内每

一点都连续,则称函数 $f(x)$ 在开区间 (a,b) 内连续,(a,b) 叫作函数 $f(x)$ 的连续

区间.

2. 设函数 $y=f(x)$ 在闭区间 $[a,b]$ 上有定义,在开区间 (a,b) 内连续,且在

$x=a$ 处右连续$(\lim\limits_{x\to a^+}f(x)=f(a))$,在 $x=b$ 处左连续$(\lim\limits_{x\to b^-}f(x)=f(b))$,则称函

数 $y=f(x)$ 在闭区间 $[a,b]$ 上连续.

3. 一切初等函数在其定义区间内都是连续的.

4. 函数的连续区间就是函数的定义域.

5. 设函数 $f(x)$ 在点 x_0 连续,则有 $\lim\limits_{x \to x_0} f(x) = f(x_0)$,即求函数极限可归结为计算函数值.

例 7 求下列各极限:

(1) $\lim\limits_{x \to 0} \cos x$;

(2) $\lim\limits_{x \to 2} \dfrac{3x-1}{x^2-2x-3}$;

(3) $\lim\limits_{x \to 1} \ln(2x^2+1)$;

(4) $\lim\limits_{x \to \frac{\pi}{2}} \ln(\sin x)$.

解 (1) 因为函数 $\cos x$ 的定义域是一切实数,所以 $\lim\limits_{x \to 0} \cos x = \cos 0 = 1$.

(2) 因为函数 $f(x) = \dfrac{3x-1}{x^2-2x-3}$ 的定义域为 $x \neq -1$ 和 $x \neq 3$ 的一切实数,而 $x = 2$ 在 $f(x)$ 的定义域内,所以

$$\lim_{x \to 2} \frac{3x-1}{x^2-2x-3} = \frac{3 \times 2 - 1}{2^2 - 2 \times 2 - 3} = -\frac{5}{3}.$$

(3) 因为函数 $f(x) = \ln(2x^2+1)$ 的定义域为一切实数,所以

$$\lim_{x \to 1} \ln(2x^2+1) = \ln(2 \times 1^2 + 1) = \ln 3.$$

(4) 因为函数 $f(x) = \ln(\sin x)$ 在 $x = \dfrac{\pi}{2}$ 处连续,故有

$$\lim_{x \to \frac{\pi}{2}} \ln(\sin x) = \ln\left(\sin \frac{\pi}{2}\right) = \ln 1 = 0.$$

例 8 求 $\lim\limits_{x \to +\infty} \sin \dfrac{\pi \sqrt{x}}{2} (\sqrt{x+2} - \sqrt{x})$.

解 原式 $= \sin\left[\dfrac{\pi}{2} \lim\limits_{x \to +\infty} \sqrt{x}(\sqrt{x+2} - \sqrt{x})\right]$

$= \sin\left[\dfrac{\pi}{2} \lim\limits_{x \to +\infty} \sqrt{x} \cdot \dfrac{(\sqrt{x+2} - \sqrt{x})(\sqrt{x+2} + \sqrt{x})}{\sqrt{x+2} + \sqrt{x}}\right]$

$= \sin\left[\dfrac{\pi}{2} \lim\limits_{x \to +\infty} \dfrac{2\sqrt{x}}{\sqrt{x+2} + \sqrt{x}}\right]$

$$= \sin\left[\frac{\pi}{2}\lim_{x \to +\infty}\frac{2}{\sqrt{1+\dfrac{2}{x}}+1}\right]$$

$$= \sin\frac{\pi}{2} = 1.$$

1.5.4　性质

性质 1　最值性质：若函数 $f(x)$ 在闭区间 $[a,b]$ 上连续，则 $f(x)$ 在 $[a,b]$ 上必有最大值 M 和最小值 m.

性质 2　介值性质：若 $f(x)$ 在闭区间 $[a,b]$ 上连续，则对于介于 $f(a)$ 与 $f(b)$ 之间的任意值 C，至少存在一个点 $\xi \in (a,b)$，使得 $f(\xi) = C$.

性质 3　零点性质：如果函数 $f(x)$ 在闭区间 $[a,b]$ 上连续，且有 $f(a) \cdot f(b) < 0$，则方程 $f(x) = 0$ 在 (a,b) 内至少有一个实根.

以上性质证明从略.

例 9　证明方程 $e^x - 5x = -1$ 在 $(0,1)$ 内仅有一个实根.

证　设 $f(x) = e^x - 5x + 1$，显然 $f(x)$ 在 $[0,1]$ 上连续，因为

$$f(0) = 2 > 0, f(1) = e - 4 < 0,$$

所以由零点性质可知，至少存在一个 $\xi \in (0,1)$，使得 $f(\xi) = e^\xi - 5\xi + 1 = 0$.

又因为 $f'(x) = e^x - 5$，当 $0 < x < 1$ 时，$f'(x) < 0$，所以，当 $0 < x < 1$ 时，$f(x)$ 在 $(0,1)$ 仅有一个根，即方程 $e^x - 5x + 1 = 0$ 在 $(0,1)$ 内仅有一个实根.

习题 1.5

一、选择题

1. 已知函数 $f(x) = \dfrac{x-5}{x^2-4}$，则 $f(x)$ 的间断点的个数是（　　）.

A. 0　　　　　　B. 1　　　　　　C. 2　　　　　　D. 3

2. 函数 $f(x) = \dfrac{\sin x}{x} + \dfrac{1}{x-1}\mathrm{e}^{\frac{1}{x}}$ 的间断点的个数是（　　）.

A. 0　　　　　　　B. 1　　　　　　　C. 2　　　　　　　D. 3

3. 设 $f(x) = \dfrac{|x|(x-1)}{x(x-1)(x-2)}$，则 $x = 0$ 是 $f(x)$ 的（　　）.

A. 可去间断点　　B. 跳跃间断点　　C. 无穷间断点　　D. 振荡间断点

4. 若函数 $f(x) = \dfrac{(x-1)(x-2)}{x(x-1)}$，则点 $x = 1$ 是（　　）间断点.

A. 可去　　　　　B. 跳跃　　　　　C. 无穷　　　　　D. 振荡

5. 设函数 $f(x) = \dfrac{x(x-1)^2}{x-1}$，则 $x = 1$ 是函数 $f(x)$ 的（　　）.

A. 可去间断点　　B. 跳跃间断点　　C. 无穷间断点　　D. 连续点

6. 点 $x = 1$ 是函数 $f(x) = \dfrac{x^2-1}{x^2-3x+2}$ 的（　　）.

A. 可去间断点　　B. 跳跃间断点　　C. 无穷间断点　　D. 振荡间断点

7. 函数 $f(x)$ 在 $x \to x_0$ 时存在极限是 $f(x)$ 在 $x = x_0$ 处连续的（　　）.

A. 必要条件　　　　　　　　　B. 充分条件

C. 充要条件　　　　　　　　　D. 既不充分也不必要条件

8. 设函数 $f(x) = \dfrac{x^2-x}{|x|(x^2-1)}$，$x = -1$ 是 $f(x)$ 的（　　）.

A. 可去间断点　　B. 跳跃间断点　　C. 无穷间断点　　D. 振荡间断点

9. 设 $f(x) = \dfrac{x^2-1}{x-1}$，则 $x = 1$ 是函数 $f(x)$ 的（　　）.

A. 可去间断点　　B. 无穷间断点　　C. 跳跃间断点　　D. 振荡间断点

10. 点 $x = 0$ 是函数 $f(x) = \cos\dfrac{1}{x}$ 的（　　）.

A. 可去间断点　　B. 跳跃间断点　　C. 无穷间断点　　D. 振荡间断点

二、填空题

1. 设函数 $f(x) = \dfrac{1}{1 - \mathrm{e}^{\frac{x}{1+x^2}}}$，则 $f(x)$ 的间断点 $x = $ _____.

2. 函数 $f(x) = \dfrac{\arccos(1-x)}{\ln(x-1)}$ 的连续区间是 _____.

3. 函数 $f(x) = \dfrac{\sqrt{x+2}}{x^2+4x+3}$ 的间断点 $x = $ _____.

4. 函数 $f(x) = \ln(1-x^2)$ 的连续区间为 _____.

5. 设函数 $f(x) = \begin{cases} 3x+2 & x > 0 \\ 2a & x \leqslant 0 \end{cases}$ 在点 $x = 0$ 处连续，则常数 $a = $ _____.

6. 函数 $y = \dfrac{1}{\ln(x-1)}$ 的连续区间是 _____.

三、解答题

1. 已知函数 $f(x) = \begin{cases} x^2 \sin \dfrac{1}{x^2} & x > 0 \\ b & x = 0 \\ a + e^x & x < 0 \end{cases}$ 在 $x = 0$ 处连续，求 a, b 的值.

2. 已知函数 $f(x) = \begin{cases} a\,e^x & x \neq 0 \\ 1 & x = 0 \end{cases}$ 在 $x = 0$ 处连续，求 a 的值.

3. 已知函数 $f(x) = \begin{cases} 2x+a & x \leqslant 0 \\ e^x(\sin x + \cos x) & x > 0 \end{cases}$ 在 $(-\infty, +\infty)$ 内连续，求 a 的值.

4. 设函数 $f(x) = \begin{cases} k - e^x & x > 0 \\ 3x - 1 & x \leqslant 0 \end{cases}$ 在 $x = 0$ 处连续，试求常数 k.

5. 讨论函数 $f(x) = \dfrac{x^2-1}{x+5}$ 在点 $x = -5$ 处的连续性.

6. 讨论函数 $f(x) = \begin{cases} \dfrac{x^2-4}{x-2} & x \neq 2 \\ 3 & x = 2 \end{cases}$ 在点 $x = 2$ 处的连续性.

四、求下列函数的间断点并判断间断类型

1. $f(x) = \dfrac{x^2-1}{x^2-3x+2}$;

2. $f(x) = \begin{cases} x^2 - 1 & x < 1 \\ x + 1 & x \geqslant 1 \end{cases}$;

3. $f(x) = \begin{cases} \dfrac{x-2}{x-2} & x \neq 2 \\ 0 & x = 2 \end{cases}$.

五、证明方程 $x^5 - 2x^2 - 1 = 0$ 在区间 $(1,2)$ 内至少有一个实根.

六、证明方程 $x^3 + 5x - 2 = 0$ 只有一个正根.

复习题(一)

一、选择题

1. 下列函数为基本初等函数的是(　　).

A. $y = \sin 5x$ B. $y = \log_3 x$ C. $y = \mathrm{e}^{-x^2}$ D. $y = \sqrt{2x}$

2. $\lim\limits_{x \to x_0^-} f(x)$,$\lim\limits_{x \to x_0^+} f(x)$ 都存在是 $\lim\limits_{x \to x_0} f(x)$ 存在的(　　).

A. 充分但非必要条件   B. 必要但非充分条件

C. 充分且必要条件   D. 既非充分也非必要条件

3. $\lim\limits_{x \to \infty} \dfrac{3x^5 + 2x^4 - x^2 + 1}{2x^5 + 3} = ($　　$)$.

A. 0   B. $\dfrac{1}{3}$ C. 1   D. $\dfrac{3}{2}$

4. 函数 $f(x) = \begin{cases} x^2 - 1 & x \leqslant 1 \\ x^2 + 1 & x > 1 \end{cases}$ 在 $x = 1$ 处不连续,是因为(　　).

A. $f(x)$ 在 $x = 1$ 处没有定义   B. $\lim\limits_{x \to 1^-} f(x)$ 不存在

C. $\lim\limits_{x \to 1^+} f(x)$ 不存在   D. $\lim\limits_{x \to 1} f(x)$ 不存在

5. 当 $x \to 0$ 时,以下变量中属于无穷小量的是(　　).

A. $x - 1$ B. e^x C. $\mathrm{e}^{-x} - 1$ D. $\cos x$

6. 设 $f(x) = \dfrac{x^2 + 1}{x^2 - 3x + 2}$,则 $f(x)$ 的间断点是 $x = ($　　$)$.

A. 1   B. 2   C. 1 和 2   D. -1 和 -2

7. $\lim\limits_{x \to \infty} \dfrac{(x-1)^{10}(2x+3)^5}{12(x-2)^{15}} = ($　　$)$.

A. 0   B. $\dfrac{1}{6}$ C. $\dfrac{8}{3}$ D. ∞

8. 函数 $f(x)$ 在 $x=x_0$ 处有定义是极限 $\lim\limits_{x \to x_0} f(x)$ 存在的（　　）.

A. 必要非充分条件　　　　　　　　B. 充分非必要条件

C. 充分且必要条件　　　　　　　　D. 既非充分又非必要条件

9. 设极限 $\lim\limits_{x \to 1} \dfrac{x^2-1}{x^2+ax+b} = \dfrac{1}{2}$，则常数 a,b 的值分别是（　　）.

A. $a=-2, b=-3$　　　　　　　　B. $a=2, b=-3$

C. $a=2, b=3$　　　　　　　　　　D. $a=-2, b=3$

二、填空题

1. 设函数 $f(x) = \dfrac{x^2-3x+2}{x-2}$，由于 $x=2$ 时没有定义，所以 $f(x)$ 在 $x=2$ 处

不连续，要使 $f(x)$ 在 $x=2$ 处连续，应补充定义 $f(2)=$ ＿＿＿＿＿＿＿.

2. 如果 $f(x)$ 在 $x=0$ 处连续，且 $f(0)=-1$，那么 $\lim\limits_{x \to 0} e^{\sin x} f(x) =$ ＿＿＿＿＿.

3. 若 $\lim\limits_{n \to \infty} \dfrac{an^3+bn^2+2}{2n^2+2n+1} = 1$，则 $a=$ ＿＿＿＿＿＿，$b=$ ＿＿＿＿＿.

4. 设 $f(x) = \dfrac{|x|(x+2)}{x(x+1)}$，则 $x=-1$ 是 ＿＿＿＿＿ 间断点.

5. $\lim\limits_{n \to \infty} \dfrac{2^n+3^n}{2^{n+1}+3^{n+1}} =$ ＿＿＿＿＿.

6. $\lim\limits_{x \to 0} \dfrac{3x^3+5x}{5x^2+3} \sin \dfrac{5}{x} =$ ＿＿＿＿＿.

7. 若 $\lim\limits_{x \to 2} \dfrac{x-2}{x^2+ax+b} = \dfrac{1}{8}$，则 $a=$ ＿＿＿＿＿，$b=$ ＿＿＿＿＿.

8. 设 $\lim\limits_{x \to 1} \dfrac{x^2+ax-7}{x-1} = b$，则 $a=$ ＿＿＿＿＿，$b=$ ＿＿＿＿＿.

三、计算题

1. $\lim\limits_{x \to \sqrt{5}} \dfrac{x^2-5}{x^4-2x^2+1}$.

2. $\lim\limits_{x \to 4} \dfrac{x^2-6x+8}{x^2-5x+4}$.

3. $\lim\limits_{x \to 5} \dfrac{x^2 - 7x + 10}{x^2 - 25}$.

4. $\lim\limits_{x \to 0^-} \dfrac{|x|}{x(1 + x^2)}$.

5. $\lim\limits_{x \to 0} \dfrac{\sqrt{1 + x^2} - 1}{x}$.

6. $\lim\limits_{x \to 0} \dfrac{\sqrt{1 + x} - \sqrt{1 - x}}{x}$.

7. $\lim\limits_{x \to 0} x \sin \dfrac{1}{x}$.

8. $\lim\limits_{x \to \infty} \dfrac{3x^2 - 2}{1 + 5x^2}$.

9. $\lim\limits_{n \to \infty} \left[\left(\dfrac{2}{3} \right)^n + \left(\dfrac{5}{7} \right)^{n+1} + 3 \right]$.

10. $\lim\limits_{n \to \infty} \dfrac{2n^3 + n - 1}{3n^3 - n^2 + 2}$.

11. $\lim\limits_{n \to \infty} \dfrac{1 + 2 + \cdots + n}{n^2}$.

12. $\lim\limits_{x \to \infty} \dfrac{x - \sin x}{x + \sin x}$.

13. $\lim\limits_{x \to \infty} \dfrac{1}{x} \sin x$.

14. $\lim\limits_{x \to \infty} \dfrac{x^2 + 2x - \sin x}{2x^2 + \sin x}$.

15. $\lim\limits_{x \to 1} \left(\dfrac{1}{x - 1} - \dfrac{3}{x^3 - 1} \right)$.

16. $\lim\limits_{x \to 2} \left(\dfrac{1}{x - 2} - \dfrac{12}{x^3 - 8} \right)$.

四、讨论下列函数的连续性,如有间断点,指出其类型.

1. $y = \dfrac{x}{x}$.

2. $y = \dfrac{3^{\frac{1}{x}} - 1}{3^{\frac{1}{x}} + 1}$.

3. $f(x) = \begin{cases} x^2 - 1 & 0 \leqslant x \leqslant 1 \\ x + 3 & x > 1 \end{cases}$.

五、证明方程 $x + \sin x + 1 = 0$ 在 $[-1, 0]$ 内至少有一个根.

六、证明方程 $e^x - 2 = x$ 在 $(0, 2)$ 内有且仅有一个根.

第二章　微分学

微分学是微积分的重要组成部分,在科学技术中有着广泛的应用.微分学包括两个基本概念:一个是导数概念,它反映客观世界中变量变化的快慢程度,即变化率大小的问题;一个是微分概念,它描述如何用自变量的改变量来近似计算函数改变量的问题.本章主要论述导数和微分的概念和理论.

2.1　导数的概念

2.1.1　引例:曲线切线的斜率

如图 2.1 所示,当割线 MN 绕着切点 M 旋转至切线位置 MT 时,曲线 $y = f(x)$ 在点 x_0 处的切线 MT 的斜率为

$$k = \tan\alpha = \lim_{\Delta x \to 0} \frac{f(x_0 + \Delta x) - f(x_0)}{\Delta x}.$$

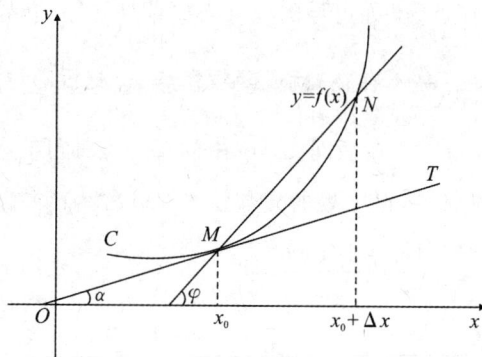

图 2.1

2.1.2　导数的概念

由上面实际问题的讨论可以看出,当自变量的增量趋近于零时,函数增量与自变量增量之比的极限就是斜率.在自然科学中,这样的实际问题很多,如求瞬时速度问题等.由此,我们给出函数的导数定义.

1. 定义

设函数 $y = f(x)$ 在点 x_0 及其邻域有定义,如果 $\lim\limits_{\Delta x \to 0} \dfrac{\Delta y}{\Delta x} = A$ 的极限存在,则称函数 $y = f(x)$ 在点 x_0 处导数存在(可导),并称极限 A 为函数 $y = f(x)$ 在点 x_0 处的导数,记为 $f'(x_0) = A$,也可记为 $y'\big|_{x=x_0}$,$\dfrac{\mathrm{d}y}{\mathrm{d}x}\Big|_{x=x_0}$ 或 $\dfrac{\mathrm{d}f(x)}{\mathrm{d}x}\Big|_{x=x_0}$.即

$$f'(x_0) = \lim_{\Delta x \to 0} \frac{\Delta y}{\Delta x} = \lim_{\Delta x \to 0} \frac{f(x_0 + \Delta x) - f(x_0)}{\Delta x},$$

$$\text{或 } f'(x_0) = \lim_{x \to x_0} \frac{f(x) - f(x_0)}{x - x_0}.$$

2. 左、右导数

函数导数定义的左、右极限分别称为函数在点 x_0 处的左、右导数,即

$$f'_-(x_0) = \lim_{\Delta x \to 0^-} \frac{f(x_0 + \Delta x) - f(x_0)}{\Delta x},$$

$$f'_+(x_0) = \lim_{\Delta x \to 0^+} \frac{f(x_0 + \Delta x) - f(x_0)}{\Delta x}.$$

3. 结论

(1) 函数 $f(x)$ 在点 x_0 处可导的充分必要条件是左、右导数都存在且相等.

(2) 如果极限 $\lim\limits_{\Delta x \to 0} \dfrac{\Delta y}{\Delta x}$ 不存在,就说函数在点 x_0 处没有导数或不可导.

(3) 如果函数 $y = f(x)$ 在区间 (a, b) 内的每一点都可导,就说函数 $f(x)$ 在区间 (a, b) 内可导.此时,任一点 x 处的导数值 $f'(x)$ 称为函数 $f(x)$ 的导函数,简称为导数,记作 $f'(x)$,y',$\dfrac{\mathrm{d}y}{\mathrm{d}x}$ 或 $\dfrac{\mathrm{d}f(x)}{\mathrm{d}x}$,即

$$f'(x) = \lim_{\Delta x \to 0} \frac{\Delta y}{\Delta x} = \lim_{\Delta x \to 0} \frac{f(x + \Delta x) - f(x)}{\Delta x}.$$

2.1.3 导数的几何意义

由引例可知,函数 $f(x)$ 在点 x_0 处的导数的几何意义就是曲线 $y = f(x)$ 在点 $M(x_0, y_0)$ 处切线的斜率,即

$$f'(x_0) = \tan\alpha = k,$$

其中 α 是切线的倾斜角.

如果函数 $f(x)$ 在点 x_0 处的导数为无穷大,则曲线 $y = f(x)$ 在点 $M(x_0, y_0)$ 处有垂直于 x 轴的切线 $x = x_0$.

由导数的几何意义和直线的点斜式方程可得到曲线 $y = f(x)$ 在点 $M(x_0, y_0)$ 处的切线方程

$$y - y_0 = f'(x_0)(x - x_0);$$

法线方程(法线在点 $M(x_0, y_0)$ 处与切线垂直)

$$y - y_0 = -\frac{1}{f'(x_0)}(x - x_0) \quad (f'(x_0) \neq 0).$$

例 1 求曲线 $y = x^3 + 1$ 在点 $x = 1$ 处的切线和法线方程.

解 $y' = 3x^2$,当 $x = 1$ 时,$y = 2, k = y' = 3$,所以,

切线方程为:$y - 2 = 3(x - 1)$,即 $y = 3x - 1$;

法线方程为:$y - 2 = -\frac{1}{3}(x - 1)$,即 $y = -\frac{1}{3}x + \frac{7}{3}$.

2.1.4 可导与连续

由函数 $f(x)$ 的连续与导数的定义可得,函数 $f(x)$ 在点 x_0 处可导必连续,函数 $f(x)$ 在点 x_0 处不连续必不可导.

例 2 证明函数 $y = \begin{cases} 1 - x & x \geqslant 0 \\ 1 + x & x < 0 \end{cases}$ 在点 $x = 0$ 处连续但不可导.

证 显然函数在点 $x = 0$ 及其邻域有定义,且 $f(0) = 1$,因为

$$\lim_{x \to 0^+} f(x) = \lim_{x \to 0^+}(1 - x) = 1, \lim_{x \to 0^-} f(x) = \lim_{x \to 0^-}(1 + x) = 1,$$

所以 $\lim_{x \to 0} f(x) = 1 = f(0)$,即函数在点 $x = 0$ 处连续.又因为

$$f'_+(0) = \lim_{x \to 0^+} \frac{f(x) - f(0)}{x} = \lim_{x \to 0^+} \frac{1 - x - 1}{x} = -1,$$

$$f'_-(0) = \lim_{x \to 0^-} \frac{f(x) - f(0)}{x} = \lim_{x \to 0^-} \frac{1 + x - 1}{x} = 1.$$

所以 $f'(0)$ 不存在,即函数在点 $x = 0$ 处连续但不可导.

例 3 讨论函数 $y = x \cdot |x|$ 在点 $x = 0$ 处的连续性和可导性.

解 显然函数 $f(x)$ 在点 $x = 0$ 及其邻域有定义,且 $f(0) = 0$,因为

$$f'_+(0) = \lim_{x \to 0^+} \frac{f(x) - f(0)}{x} = \lim_{x \to 0^+} \frac{x^2}{x} = 0,$$

$$f'_-(0) = \lim_{x \to 0^-} \frac{f(x) - f(0)}{x} = \lim_{x \to 0^-} \frac{-x^2}{x} = 0.$$

所以 $f'(0) = 0$,即函数 $y = x \cdot |x|$ 在点 $x = 0$ 处可导且连续.

例 4 讨论函数 $y = \begin{cases} x - 1 & x \geqslant 0 \\ x + 1 & x < 0 \end{cases}$ 在点 $x = 0$ 处的连续性和可导性.

解 由题意得 $f(0) = -1$,因为

$$\lim_{x \to 0^-} f(x) = \lim_{x \to 0^-}(x + 1) = 1, \lim_{x \to 0^+} f(x) = \lim_{x \to 0^+}(x - 1) = -1,$$

所以函数在点 $x = 0$ 处不连续且不可导.

例 2 说明函数 $f(x)$ 在点 x_0 处连续但未必可导,例 3 说明函数 $f(x)$ 在点 x_0 处可导且连续,例 4 说明函数 $f(x)$ 在点 x_0 处不连续且不可导.

注:(1) 函数 $f(x)$ 在点 x_0 处有定义未必有极限,反之亦然.

(2) 函数 $f(x)$ 在点 x_0 处连续,则函数 $f(x)$ 在点 x_0 处未必可导;函数 $f(x)$ 在点 x_0 处不可导,则函数 $f(x)$ 在点 x_0 处未必连续.

(3) 可应用导数的定义公式 $f'(x_0) = \lim_{x \to x_0} \frac{f(x) - f(x_0)}{x - x_0}$,讨论函数在点 x_0 处的可导性.

习题 2.1

一、选择题

1. 曲线 $y = x^3$ 在 $x = ($ 　　$)$ 处存在倾斜角为 $\frac{\pi}{4}$ 的切线.

A. 0 　　　　　　 B. $\sqrt{3}$ 　　　　　 C. $\frac{\sqrt{3}}{3}$ 　　　　　 D. 1

2. 曲线 $y = x + \ln x$ 在点 $(1,1)$ 处的切线方程为 $($ 　　$)$.

A. $y - 2x + 1 = 0$ 　　　　　　　 B. $2y - x + 1 = 0$

C. $y + 2x + 1 = 0$ 　　　　　　　 D. $y - 2x = 0$

3. 下列函数中 $($ 　　$)$ 在 $x = 2$ 处连续而不可导.

A. $y = \dfrac{1}{x-2}$ 　　 B. $y = |x - 2|$ 　　 C. $y = \ln(x^2 - 4)$ 　　 D. $y = (x-2)^2$

4. 设 $f(x) = \begin{cases} \sqrt{|x|} \sin \dfrac{1}{x^2} & x \neq 0 \\ 0 & x = 0 \end{cases}$,则 $f(x)$ 在 $x = 0$ 处 $($ 　　$)$.

A. 极限不存在 　　　　　　　　 B. 极限存在但不连续

C. 连续但不可导 　　　　　　　 D. 可导

5. 曲线 $y = x^2 + e^x$ 在 $x = 0$ 处的切线与 x 轴的交点坐标为 $($ 　　$)$.

A. $(-1, 0)$ 　　 B. $(1, 0)$ 　　　 C. $(-2, 0)$ 　　　　 D. $(2, 0)$

6. 函数 $f(x)$ 在 $x = x_0$ 处连续是 $f(x)$ 在该点处可导的 $($ 　　$)$.

A. 充分条件 　　 B. 必要条件 　　 C. 充要条件 　　　 D. A,B,C 都不是

7. 设函数 $g(x)$ 在 $x = a$ 处连续而 $f(x) = (x - a)g(x)$,则 $f'(a) = ($ 　　$)$.

A. 0 　　　 B. $g'(a)$ 　　　　 C. $g(a)$ 　　　　 D. $f(a)$

8. 已知函数 $f(x)$ 在点 $x = 1$ 处可导,且 $\lim\limits_{x \to 1} \dfrac{f(x)}{x-1} = 2$,则 $f(1) = ($ 　　$)$.

A. -1 　　　 B. 0 　　　　　 C. 1 　　　　　 D. 2

二、填空题

1. 曲线 $y = x + e^x$ 在 $x = 0$ 处的切线方程为 _____.

2. 若 $f(0) = 0, \lim\limits_{x \to 0} \dfrac{f(2x)}{x} = 4$,则 $f'(0) = $ _____.

三、解答题

1. 求 $y = x - e^x$ 在 $x = 0$ 处的切线方程.

2. 设函数 $f(x) = \begin{cases} a + x & x \leqslant 0 \\ bx + 2 & x > 0 \end{cases}$ 在 $x = 0$ 处连续且可导,求常数 a, b 的值.

3. 讨论函数 $f(x) = \begin{cases} x + 2 & 0 \leqslant x < 1 \\ 3x - 1 & x \geqslant 1 \end{cases}$ 在点 $x = 1$ 处的连续性和可导性.

4. 设 $f(x) = \begin{cases} \dfrac{x^2}{|x|} & x \neq 0 \\ 0 & x = 0 \end{cases}$,证明:函数 $f(x)$ 在 $x = 0$ 处连续但不可导.

2.2 直接导数法

本节介绍利用导数的基本公式和四则运算法则计算函数的导数,这种求得导数的方法称为直接求导法.

2.2.1 导数的四则运算法则

若函数 $u = u(x), v = v(x)$ 在点 x 处均可导,则

(1) $(u \pm v)' = u' \pm v'$;

(2) $(cu)' = cu'$ (c 为常数);

(3) $(uv)' = u'v + uv'$;

(4) $\left(\dfrac{u}{v}\right)' = \dfrac{u'v - uv'}{v^2}$ ($v \neq 0$).

2.2.2 导数的基本公式

(1) $(C)' = 0$ (C 为常数);

(2) $(x^a)' = ax^{a-1}$;

(3) $(a^x)' = a^x \ln a$;

(4) $(e^x)' = e^x$;

(5) $(\log_a x)' = \dfrac{1}{x \ln a}$;

(6) $(\ln x)' = \dfrac{1}{x}$;

(7) $(\sin x)' = \cos x$;

(8) $(\cos x)' = -\sin x$;

(9) $(\tan x)' = \sec^2 x$;

(10) $(\cot x)' = -\csc^2 x$;

(11) $(\sec x)' = \sec x \tan x$;

(12) $(\csc x)' = -\csc x \cot x$;

(13) $(\arcsin x)' = \dfrac{1}{\sqrt{1-x^2}}$;

(14) $(\arccos x)' = -\dfrac{1}{\sqrt{1-x^2}}$;

(15) $(\arctan x)' = \dfrac{1}{1+x^2}$;

(16) $(\text{arccot} x)' = -\dfrac{1}{1+x^2}$.

例1 求函数 $y = \cot x$ 的导数.

解 $y' = \left(\dfrac{\cos x}{\sin x}\right)' = \dfrac{(\cos x)' \cdot \sin x - \cos x \cdot (\sin x)'}{\sin^2 x}$

$\qquad = \dfrac{-\sin^2 x - \cos^2 x}{\sin^2 x} = \dfrac{-1}{\sin^2 x}$

$\qquad = -\csc^2 x.$

例2 求函数 $y = \arctan x$ 的导数.

解 因为 $y' = \dfrac{\mathrm{d}y}{\mathrm{d}x} = \dfrac{1}{\dfrac{\mathrm{d}x}{\mathrm{d}y}} = \dfrac{1}{x'_y}$，其中 $x = \varphi(y)$ 是 $y = f(x)$ 的反函数,且

$\varphi'(y) \neq 0.$

由于 $x = \tan y$ 是 $y = \arctan x$ 的反函数,所以

$\qquad y' = (\arctan x)' = \dfrac{1}{(\tan y)'} = \dfrac{1}{\sec^2 y} = \dfrac{1}{1+\tan^2 y} = \dfrac{1}{1+x^2}.$

例3 求函数 $y = x^2 \ln x$ 的导数.

解 $y' = 2x \ln x + x^2 \cdot \dfrac{1}{x} = 2x \ln x + x.$

例4 求函数 $y = \dfrac{x + x\mathrm{e}^x - \sqrt{x} + 1}{x}$ 的导数.

解 $y = 1 + \mathrm{e}^x - x^{-\frac{1}{2}} + \dfrac{1}{x}$,所以,$y' = \mathrm{e}^x + \dfrac{1}{2}x^{-\frac{3}{2}} - \dfrac{1}{x^2}.$

例 5 求函数 $y = \dfrac{\sin x}{x}$ 的导数.

解 $y' = \dfrac{x\cos x - \sin x}{x^2}$.

例 6 求函数 $y = \ln(\sqrt{x}\,e^{-2x})$ 的导数.

解 $y = \ln\sqrt{x} + \ln e^{-2x} = \dfrac{1}{2}\ln x - 2x$，所以，$y' = \dfrac{1}{2x} - 2$.

例 7 求函数 $y = \dfrac{(x+2)^2}{x^2(1+x)}$ 的导数.

解 $y = \dfrac{x^2+4x+4}{x^2(1+x)} = \dfrac{1}{1+x} + \dfrac{4}{x^2}$，所以，$y' = -\dfrac{1}{(1+x)^2} - \dfrac{8}{x^3}$.

例 8 求函数 $y = x e^x \sin x$ 的导数.

解 $y' = e^x \sin x + x e^x \sin x + x e^x \cos x$.

注：对函数做适当的化简，再进行求导计算，可以简化计算过程.

习题 2.2

1. 求下列函数的导数：

$(1)\, y = 3x^2 - \dfrac{2}{x^2} + 5$；

$(2)\, y = (1+x^2)\tan x$；

$(3)\, y = \dfrac{1-\ln x}{1+\ln x} + \dfrac{1}{x}$；

$(4)\, y = x\arcsin x + \cos\dfrac{\pi}{3}$；

$(5)\, y = x\sin x \ln x$；

$(6)\, y = \ln(2x^3 e^{2x})$；

$(7)\, y = \left(\sin x - \dfrac{\cos x}{x}\right)\tan x$；

$(8)\, y = \dfrac{x^3 + x + 3}{x^2 + 1}$.

2. 求下列函数在指定点处的导数：

$(1)\, y = x^5 + 3\sin x$，在 $x = 0$ 及 $x = \dfrac{\pi}{2}$；

$(2)\, y = \dfrac{1}{5-x} + \dfrac{x^2}{5}$，在 $x = 0$ 及 $x = 2$.

2.3 复合函数求导法

对于复合函数 $y=f[\varphi(x)]$,不妨设其两个分解函数 $y=f(u)$ 和 $u=\varphi(x)$ 分别是自变量 u 和 x 的可导函数,则复合函数 $y=f[\varphi(x)]$ 的导数 $\dfrac{\mathrm{d}y}{\mathrm{d}x}=\dfrac{\mathrm{d}y}{\mathrm{d}u}\cdot\dfrac{\mathrm{d}u}{\mathrm{d}x}$.

注:复合函数的求导法则可以推广到多个中间变量的情形.

例 1   求函数 $y=\cos x^3$ 的导数.

解   设 $y=\cos u,u=x^3$,则

$$y'_x=y'_u\cdot u'_x=(\cos u)'_u\cdot(x^3)'_x=-\sin u\cdot 3x^2=-3x^2\sin x^3.$$

例 2   求函数 $y=\mathrm{e}^{\sqrt{x}}$ 的导数.

解   设 $y=\mathrm{e}^u,u=\sqrt{x}$,则

$$y'_x=y'_u\cdot u'_x=(\mathrm{e}^u)'_u\cdot(\sqrt{x})'_x=\mathrm{e}^u\cdot\frac{1}{2\sqrt{x}}=\frac{\mathrm{e}^{\sqrt{x}}}{2\sqrt{x}}.$$

例 3   求函数 $y=\sqrt{1-x^2}$ 的导数.

解   设 $y=\sqrt{u},u=1-x^2$,则

$$y'_x=y'_u\cdot u'_x=(u^{\frac{1}{2}})'_u\cdot(1-x^2)'_x=\frac{1}{2}u^{-\frac{1}{2}}\cdot(-2x)=\frac{-x}{\sqrt{1-x^2}}.$$

例 4   求函数 $y=\ln\sin 3x$ 的导数.

解   设 $y=\ln u,u=\sin v,v=3x$,则

$$y'_x=y'_u\cdot u'_v\cdot v'_x=(\ln u)'_u\cdot(\sin v)'_v\cdot(3x)'_x$$

$$=\frac{1}{u}\cdot\cos v\cdot 3=3\cdot\frac{1}{\sin 3x}\cdot\cos 3x=3\cot 3x.$$

等上述写法熟练后,中间变量可不写出,直接利用复合函数求导法则,寻找最外层的函数,由外到内,层层求导.

例 5 求函数 $y = (2x^2 + 1)^3$ 的导数.

解 $y' = 3(2x^2 + 1)^2 \cdot (2x^2 + 1)' = 3(2x^2 + 1)^2 \cdot 4x$

$\qquad = 12x(2x^2 + 1)^2.$

例 6 求函数 $y = \csc^3 x$ 的导数.

解 $y' = 3\csc^2 x \cdot (\csc x)' = 3\csc^2 x \cdot (-\csc x \cdot \cot x)$

$\qquad = -3\csc^3 x \cot x.$

例 7 求函数 $y = x^2 \sin 3x$ 的导数.

解 $y' = (x^2)' \sin 3x + x^2 (\sin 3x)' = 2x \sin 3x + x^2 \cos 3x \cdot 3$

$\qquad = 2x \sin 3x + 3x^2 \cos 3x.$

例 8 求函数 $y = \sqrt{x + \sqrt{x}}$ 的导数.

解 $y' = \dfrac{1}{2\sqrt{x + \sqrt{x}}} (x + \sqrt{x})'$

$\qquad = \dfrac{1}{2\sqrt{x + \sqrt{x}}} \left(1 + \dfrac{1}{2\sqrt{x}}\right)$

$\qquad = \dfrac{2\sqrt{x} + 1}{4\sqrt{x^2 + x\sqrt{x}}}.$

例 9 求函数 $y = \ln(x + \sqrt{a^2 + x^2})$ 的导数.

解 $y' = \dfrac{1}{x + \sqrt{a^2 + x^2}} \left(1 + \dfrac{2x}{2\sqrt{a^2 + x^2}}\right)$

$\qquad = \dfrac{\sqrt{a^2 + x^2} + x}{(x + \sqrt{a^2 + x^2})\sqrt{a^2 + x^2}}$

$\qquad = \dfrac{1}{\sqrt{a^2 + x^2}}.$

例 10 求函数 $y = \dfrac{x}{\sqrt{a^2 + x^2}}$ 的导数.

解 $y' = \dfrac{\sqrt{a^2 + x^2} - x \cdot \dfrac{2x}{2\sqrt{a^2 + x^2}}}{a^2 + x^2}$

$$= \frac{\sqrt{a^2+x^2} - \dfrac{x^2}{\sqrt{a^2+x^2}}}{a^2+x^2} = \frac{a^2}{\sqrt{(a^2+x^2)^3}}.$$

例 11 求函数 $y = -\sin^3(5x^2)$ 的导数.

解 $y' = -3\sin^2(5x^2) \cdot \cos(5x^2) \cdot 10x = -30x\sin^2(5x^2)\cos(5x^2)$.

例 12 求函数 $y = \mathrm{e}^{-\cos^2 x}$ 的导数.

解 $y' = \mathrm{e}^{-\cos^2 x} \cdot (-2\cos x) \cdot (-\sin x) = \mathrm{e}^{-\cos^2 x}\sin 2x$.

习题 2.3

一、选择题

1. 函数 $y = \mathrm{e}^{2015x}$ 的一阶导函数 $y' = ($ $)$.

A. e^{2015x} B. $2015x\,\mathrm{e}^{2015x}$

C. $2015\mathrm{e}^{2015x}$ D. $2015\mathrm{e}^{x}$

2. 设 $y = \cos(\mathrm{e}^{-x})$，则 $y' = ($ $)$.

A. $\mathrm{e}^{-x}\sin(\mathrm{e}^{-x})$ B. $-\mathrm{e}^{-x}\sin(\mathrm{e}^{-x})$

C. $\sin(\mathrm{e}^{-x})$ D. $-\sin(\mathrm{e}^{-x})$

二、求下列函数的导数：

1. $y = (3x^2+1)^8$；

2. $y = \sqrt{2+3x^2}$；

3. $y = \ln\ln x$；

4. $y = \cot\left(\dfrac{x}{2}-1\right)$；

5. $y = \cos^2 x - x\sin^2 x$；

6. $y = \sin^2(x^2+1)$；

7. $y = \mathrm{e}^{\cos\frac{1}{x}}$；

8. $y = \sqrt{4-x^2} + x\arcsin\dfrac{x}{2}$；

9. $y = \log_3\dfrac{x}{1-x}$；

10. $y = x^2\sin\dfrac{1}{x}$；

11. $y = \sin x + x\cot x,\ y'\big|_{x=\frac{\pi}{4}}$；

12. $y = \mathrm{e}^{-x} \cdot \sqrt[3]{x+1},\ y'\big|_{x=0}$.

2.4 隐函数求导法

若一个函数可表示为 $y=f(x)$ 的形式,则称这样的函数为显函数.如 $y=\sin^2 x - 1, y = e^{-x}$ 等.

若一个函数以方程 $F(x,y)=0$ 的形式出现,则称这样的函数为隐函数.

例如方程 $3x-y+2=0$,可以化简成 $y=3x+2$,这个过程称为隐函数的显化;又如方程 $xy=e^{x+y}$ 就无法把 y 表示成 x 的显函数的形式.

实际求解隐函数的导数,不需要将隐函数显化,而是可以利用复合函数的求导法则,将方程两边同时对 x 求导,并注意到其中变量 y 是 x 的函数,就可直接求出隐函数的导数.

例 1 求方程 $xy=1$ 确定的隐函数的导数 y'.

解 1 把方程 $xy=1$ 显化,得 $y=\dfrac{1}{x}$,所以 $y'=-\dfrac{1}{x^2}$.

解 2 将方程两边同时对 x 求导,并注意到 y 是 x 的函数,得 $y+xy'=0$,所以 $y'=-\dfrac{y}{x}=-\dfrac{1}{x^2}$.

例 2 求方程 $x^2+y^2=1$ 确定的隐函数的导数 y'.

解 将方程两边同时对 x 求导,并注意到 y 是 x 的函数,y^2 是 x 的复合函数,得 $2x+2yy'=0$,所以 $y'=-\dfrac{x}{y}$.

例 3 求由方程 $e^y+xy^2-e=0$ 所确定的隐函数的导数 y'.

解 $e^y y'+y^2+x \cdot 2yy'=0$,所以 $y'=-\dfrac{y^2}{e^y+2xy}$.

例 4 求由方程 $\sin(xy)=x+y$ 所确定的隐函数的导数 y'.

解 $\cos(xy) \cdot (y+xy')=1+y'$,所以 $y'=\dfrac{1-y\cos(xy)}{x\cos(xy)-1}$.

例 5 求由方程 $xy^2 + 2y - 3x - x^2 = 2$ 所确定的隐函数在 $x = 0$ 处的导数 $\dfrac{\mathrm{d}y}{\mathrm{d}x}\Big|_{x=0}$.

解 $y^2 + 2xyy' + 2y' - 3 - 2x = 0$,

因为当 $x = 0$ 时,从原方程可得 $y = 1$,所以 $\dfrac{\mathrm{d}y}{\mathrm{d}x}\Big|_{\substack{x=0 \\ y=1}} = 1$.

习题 2.4

一、填空题

1. 设函数 $y = y(x)$ 由 $\ln(x + y) = xy^2 + \sin x$ 确定,则 $\dfrac{\mathrm{d}y}{\mathrm{d}x}\Big|_{x=0} = $ _____.

2. 曲线 $xe^y + xy + y = 1$ 在 $x = 0$ 处的切线方程为 _____.

3. 设 $y = y(x)$ 由 $x^2 - y^2 = xy$ 所确定,则 $\dfrac{\mathrm{d}y}{\mathrm{d}x} = $ _____.

二、求下列隐函数的导数 $\dfrac{\mathrm{d}y}{\mathrm{d}x}$:

1. $y\ln y = x + y$.

2. $e^y + 2xy = x^2$.

3. $x + y = e^y$.

4. $y = xe^y + 1$.

5. $xy - e^x + e^y = 5$.

6. $xe^y - ye^{-y} = x^2$.

7. $xy + \ln x + \ln y = 1$.

8. $y^2 = x^2 + ye^x$.

9. $y^2 + 2y - x = 1$,求 $\dfrac{\mathrm{d}y}{\mathrm{d}x}\Big|_{x=-1}$.

2.5　函数的高阶导数

一般地,对函数 $f(x)$ 的导函数 $f'(x)$ 再求导一次,所得的导数称为函数 $f(x)$ 的二阶导数;依此类推,对函数 $f(x)$ 的 $n-1$ 阶导数再求导一次,所得的导数称为函数 $f(x)$ 的 n 阶导数.

二阶及二阶以上的导数统称为高阶导数.

二阶导数记为 y'', $f''(x)$, $\dfrac{\mathrm{d}^2 y}{\mathrm{d}x^2}$ 或 $\dfrac{\mathrm{d}^2 f(x)}{\mathrm{d}x^2}$;

三阶导数记为 y''', $f'''(x)$, $\dfrac{\mathrm{d}^3 y}{\mathrm{d}x^3}$ 或 $\dfrac{\mathrm{d}^3 f(x)}{\mathrm{d}x^3}$;

四阶导数记为 $y^{(4)}$, $f^{(4)}(x)$, $\dfrac{\mathrm{d}^4 y}{\mathrm{d}x^4}$ 或 $\dfrac{\mathrm{d}^4 f(x)}{\mathrm{d}x^4}$;

$$\vdots$$

n 阶导数记为 $y^{(n)}$, $f^{(n)}(x)$, $\dfrac{\mathrm{d}^n y}{\mathrm{d}x^n}$ 或 $\dfrac{\mathrm{d}^n f(x)}{\mathrm{d}x^n}$.

例1　求函数 $y = \mathrm{e}^x \cos x$ 的二阶导数.

解　$y' = \mathrm{e}^x \cos x + \mathrm{e}^x(-\sin x) = \mathrm{e}^x(\cos x - \sin x)$,

$y'' = \mathrm{e}^x(\cos x - \sin x) + \mathrm{e}^x(-\sin x - \cos x) = -2\mathrm{e}^x \sin x$.

例2　设函数 $f(x) = 2\sin x + 3x^2$,求导数 $f'''(x)$,并求 $f'''(0)$.

解　$f'(x) = 2\cos x + 6x$, $f''(x) = -2\sin x + 6$, $f'''(x) = -2\cos x$,

$f'''(0) = -2\cos 0 = -2$.

例3　设函数 $f(x) = x\sin x$,求 $f'''\left(\dfrac{\pi}{2}\right)$.

解　$f'(x) = \sin x + x\cos x$,

$f''(x) = 2\cos x - x\sin x$,

$f'''(x) = -3\sin x - x\cos x$,

$$f'''\left(\frac{\pi}{2}\right) = -3.$$

例4 求函数 $y = e^x$ 的 n 阶导数.

解 $y' = e^x, y'' = e^x, y''' = e^x$,归纳可得,$y^{(n)} = e^x$.

例5 求函数 $y = \cos x$ 的 n 阶导数.

解 $y' = -\sin x = \cos\left(\frac{\pi}{2} + x\right), y'' = -\cos x = \cos(\pi + x), y''' = \sin x =$

$\cos\left(\frac{3\pi}{2} + x\right), y^{(4)} = \cos x = \cos(2\pi + x)$,归纳可得 $y^{(n)} = \cos\left(\frac{n\pi}{2} + x\right).$

*例6 函数 $y = \ln x$,求 $y^{(18)}(1)$.

解 $y' = (\ln x)' = \frac{1}{x}, y'' = -\frac{1}{x^2}, y''' = \frac{2}{x^3}, y^{(4)} = \frac{-2 \times 3}{x^4}$,归纳可得

$$y^{(n)} = \frac{(-1)^{n-1}(n-1)!}{x^n},$$

所以,$y^{(18)}(1) = -17!.$

*例7 函数 $y = \frac{1}{x^2 - 1}$,求 $y^{(16)}(0)$.

解 $y = \frac{1}{(x-1)(x+1)} = \frac{1}{2}\left(\frac{1}{x-1} - \frac{1}{x+1}\right),$

$$y' = \frac{1}{2}\left[\frac{-1}{(x-1)^2} - \frac{-1}{(x+1)^2}\right],$$

$$y'' = \frac{1}{2}\left[\frac{2}{(x-1)^3} - \frac{2}{(x+1)^3}\right],$$

$$y''' = \frac{1}{2}\left[\frac{-6}{(x-1)^4} - \frac{-6}{(x+1)^4}\right],$$

$$y^{(4)} = \frac{1}{2}\left[\frac{24}{(x-1)^5} - \frac{24}{(x+1)^5}\right],$$

归纳可得 $y^{(n)} = \frac{1}{2}\left[\frac{(-1)^n n!}{(x-1)^{n+1}} - \frac{(-1)^n n!}{(x+1)^{n+1}}\right],$

所以,$y^{(16)}(0) = -16!.$

注:求 n 阶导数,应先求出前几阶导数,找出规律,再写出结果.

习题 2.5

一、选择题

1. 若 $f(x) = 5x + e^x$，则 $f''(1) = ($ 　　$)$.

A. 1　　　　　　B. e　　　　　　C. 5　　　　　　D. e + 5

2. 设函数为 $f(x) = x^3 \ln x$，则 $f'''(1) = ($ 　　$)$.

A. 11　　　　　B. 5　　　　　C. 1　　　　　D. 0

3. 已知 $y = x \ln x$，则 $y''' = ($ 　　$)$.

A. $-\dfrac{1}{x^2}$　　　B. $\dfrac{1}{x^2}$　　　C. $-\dfrac{2}{x^3}$　　　D. $\dfrac{2}{x^3}$

4. 设 $f(x) = x^3 - 4x^2 + x - 3$，则 $f^{(4)}(1) = ($ 　　$)$.

A. 4!　　　　　B. 3!　　　　　C. 2!　　　　　D. 0

5. 函数 $y = 2^x$ 的二阶导数 $y'' = ($ 　　$)$.

A. 2^x　　　B. $2^x \ln 2$　　　C. $2^x \ln^2 2$　　　D. $2^x \ln^3 2$

二、填空题

1. 设 $f(x) = x^3 \ln x$，则 $f''(1) = $ _____.

2. 设 $y = \ln(1 + x)$，则 $y''' = $ _____.

3. 设 $f(x) = x e^x$，则 $f^{(11)}(0) = $ _____.

三、求下列函数的高阶导数：

1. $y = \cos x + \tan x$，求 y''.

2. $y = x \arctan x + 3(x + 1)^3$，求 $y''|_{x=1}$.

3. $y = x^3 \ln^2 x$，求 y'''.

4. $y = x e^{-x}$，求 $y^{(n)}$.

2.6　函数的微分

2.6.1　微分的概念

定义　如果函数 $y=f(x)$ 在点 x_0 具有导数 $f'(x_0)$，则称 $f'(x_0)\Delta x$ 为函数 $y=f(x)$ 在点 x_0 的微分，记为 $\mathrm{d}y\big|_{x=x_0}$，即 $\mathrm{d}y\big|_{x=x_0}=f'(x_0)\Delta x$.

一般地，函数 $y=f(x)$ 在点 x 的微分叫作函数的微分，记为 $\mathrm{d}y$，即

$$\mathrm{d}y=f'(x)\mathrm{d}x.$$

如图 2.2，从几何图形看，虽然导数和微分的概念及几何表示不同，但它们在本质上是相通的.所以，可导和可微是一致的，且微分的运算法则和公式与导数一致，只是写法上不同而已.

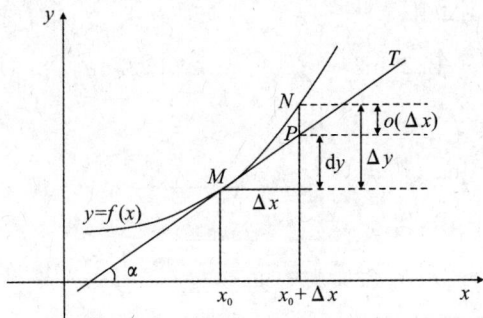

图 2.2

因此，求一个函数的微分的问题归结为求导数的问题，故称求函数的导数与微分的方法为微分法.

2.6.2　微分基本公式和微分运算法则

由 $\mathrm{d}y=f'(x)\mathrm{d}x$ 可得微分的基本公式和四则运算法则.

1. 基本初等函数的微分公式

(1) $\mathrm{d}(C)=0$（C 为常数）;　　　　　　(2) $\mathrm{d}(x^{\alpha})=\alpha x^{\alpha-1}\mathrm{d}x$;

$(3)\mathrm{d}(a^x) = a^x \ln a \, \mathrm{d}x;$ $\qquad$ $(4)\mathrm{d}(\mathrm{e}^x) = \mathrm{e}^x \, \mathrm{d}x;$

$(5)\mathrm{d}(\log_a x) = \dfrac{1}{x \ln a}\mathrm{d}x;$ $\qquad$ $(6)\mathrm{d}(\ln x) = \dfrac{1}{x}\mathrm{d}x;$

$(7)\mathrm{d}(\sin x) = \cos x \, \mathrm{d}x;$ $\qquad$ $(8)\mathrm{d}(\cos x) = -\sin x \, \mathrm{d}x;$

$(9)\mathrm{d}(\tan x) = \sec^2 x \, \mathrm{d}x;$ $\qquad$ $(10)\mathrm{d}(\cot x) = -\csc^2 x \, \mathrm{d}x;$

$(11)\mathrm{d}(\sec x) = \sec x \tan x \, \mathrm{d}x;$ $\qquad$ $(12)\mathrm{d}(\csc x) = -\csc x \cot x \, \mathrm{d}x;$

$(13)\mathrm{d}(\arcsin x) = \dfrac{1}{\sqrt{1-x^2}}\mathrm{d}x;$ $\qquad$ $(14)\mathrm{d}(\arccos x) = -\dfrac{1}{\sqrt{1-x^2}}\mathrm{d}x;$

$(15)\mathrm{d}(\arctan x) = \dfrac{1}{1+x^2}\mathrm{d}x;$ $\qquad$ $(16)\mathrm{d}(\mathrm{arccot}\, x) = -\dfrac{1}{1+x^2}\mathrm{d}x.$

2. 微分四则运算法则

若函数 $u = u(x), v = v(x)$ 在点 x 处均可微,则

$(1)\mathrm{d}(u \pm v) = \mathrm{d}u \pm \mathrm{d}v;$ $\qquad$ $(2)\mathrm{d}(cu) = c\,\mathrm{d}u\,(c\ 为常数);$

$(3)\mathrm{d}(uv) = v\,\mathrm{d}u + u\,\mathrm{d}v;$ $\qquad$ $(4)\mathrm{d}\left(\dfrac{u}{v}\right) = \dfrac{v\,\mathrm{d}u - u\,\mathrm{d}v}{v^2}\,(v \neq 0).$

3. 复合函数的微分

根据微分的定义,当 u 是自变量时,函数 $y = f(u)$ 的微分是 $\mathrm{d}y = f'(u)\mathrm{d}u.$
也可以用微分的定义 $\mathrm{d}y = f'(x)\mathrm{d}x$ 求解.

例 1 求函数 $y = \sin(5x - 7)$ 的微分.

解 1 用公式 $\mathrm{d}y = y'\mathrm{d}x$,得到 $\mathrm{d}y = [\sin(5x - 7)]'\mathrm{d}x = 5\cos(5x - 7)\mathrm{d}x.$

解 2 $\mathrm{d}y = \cos(5x - 7)\mathrm{d}(5x - 7) = 5\cos(5x - 7)\mathrm{d}x.$

例 2 求函数 $y = \ln(3x)$ 的微分.

解 1 用公式 $\mathrm{d}y = y'\mathrm{d}x$,得到 $\mathrm{d}y = [\ln(3x)]'\mathrm{d}x = \dfrac{3}{3x}\mathrm{d}x = \dfrac{1}{x}\mathrm{d}x.$

解 2 $\mathrm{d}y = \dfrac{1}{3x}\mathrm{d}(3x) = \dfrac{1}{x}\mathrm{d}x.$

例 3 求函数 $y = \mathrm{e}^{-2x} \cdot \cos 3x$ 的微分.

解 1 用公式 $\mathrm{d}y = y'\mathrm{d}x$,得到

$$\mathrm{d}y = \left[\mathrm{e}^{-2x}(-2) \cdot \cos 3x + \mathrm{e}^{-2x} \cdot (-\sin 3x) \times 3\right]\mathrm{d}x$$

$$= -\mathrm{e}^{-2x}(2\cos 3x + 3\sin 3x)\mathrm{d}x.$$

解 2 $\mathrm{d}y = \cos 3x\,\mathrm{d}(\mathrm{e}^{-2x}) + \mathrm{e}^{-2x}\,\mathrm{d}(\cos 3x)$

$$= \cos 3x\,\mathrm{e}^{-2x}\,\mathrm{d}(-2x) - \sin 3x\,\mathrm{e}^{-2x}\,\mathrm{d}(3x)$$

$$= -2\cos 3x\,\mathrm{e}^{-2x}\,\mathrm{d}x - 3\sin 3x\,\mathrm{e}^{-2x}\,\mathrm{d}x$$

$$= -\mathrm{e}^{-2x}(2\cos 3x + 3\sin 3x)\mathrm{d}x.$$

例 4 求函数 $y = \dfrac{\ln 3x}{x}$ 的微分.

解 $\mathrm{d}y = \dfrac{\dfrac{3}{3x} \cdot x - \ln 3x}{x^2}\mathrm{d}x = \dfrac{1 - \ln 3x}{x^2}\mathrm{d}x.$

例 5 求函数 $y = x\sqrt{1 + x^2}$ 的微分.

解 $\mathrm{d}y = \left(\sqrt{1 + x^2} + x \cdot \dfrac{2x}{2\sqrt{1 + x^2}}\right)\mathrm{d}x$

$$= \left(\sqrt{1 + x^2} + \dfrac{x^2}{\sqrt{1 + x^2}}\right)\mathrm{d}x$$

$$= \dfrac{1 + 2x^2}{\sqrt{1 + x^2}}\mathrm{d}x.$$

习题 2.6

求下列函数的微分：

1. $y = x\ln x - x^2$;

2. $y = \dfrac{x}{\sqrt{1 - x^2}}$;

3. $y = \ln\tan\dfrac{x}{2}$;

4. $y = \arcsin\sqrt{x}$;

5. $y = \dfrac{\sin x}{1 - x^2}$;

6. $y = \sqrt{1 - x} + x^2\mathrm{e}^x$.

复习题(二)

一、选择题

1. 下列说法正确的是( ).

A. 可导必连续　　　　　　　B. 连续必可导

C. 可导不一定连续　　　　　D. 以上说法均不正确

2. 下列在点 $x = 2$ 处连续但不可导的函数是( ).

A. $y = \dfrac{1}{x-2}$　　　　　　B. $y = |x-2|$

C. $y = \ln(x^2 - 4)$　　　　D. $y = (x-2)^2$

3. 函数 $f(x) = |x|$ 在 $x = 0$ 处( ).

A. 不连续　　　B. 连续　　　　C. 可导　　　　D. 可微

4. 曲线 $y = x^3 - 1$ 在点 $(1,0)$ 处法线的斜率为( ).

A. 3　　　　　B. $-\dfrac{1}{3}$　　　C. 2　　　　D. $-\dfrac{1}{2}$

5. 若 $f(x)$ 在 x_0 处不可导,则 $y = f(x)$ 在 x_0 处( ).

A. 无定义　　　B. 不连续　　　C. 没有切线　　D. 不可微

6. 函数在点 x_0 处连续是在该点可导的( ).

A. 充分非必要条件　　　　B. 必要非充分条件

C. 充要条件　　　　　　　D. 既非充分也非必要条件

7. 设 $y = x^n$(n 为正整数),则 $y^{(n)}(1) = ($).

A. 1　　　　　B. 0　　　　　C. n　　　　D. $n!$

8. 已知函数 $f(x) = \begin{cases} x+1 & x \leqslant 0 \\ e^{-x} & x > 0 \end{cases}$,则在 $x = 0$ 处( ).

A. 间断　　　B. 连续但不可导　　　C. $f'(0) = 1$　　　D. $f'(0) = -1$

*9. 函数 $f(x)=\begin{cases}\dfrac{x^2}{1+e^{\frac{1}{x}}} & x\neq 0\\ 0 & x=0\end{cases}$ 在 $x=0$ 处( ).

A. 连续又可导　　B. 不可导　　　　C. 不连续　　　　D. 极限不存在

*10. 已知 $y=x\ln x+1$,则 $y^{(8)}=($).

A. $-\dfrac{1}{x^7}$　　　　B. $\dfrac{1}{x^7}$　　　　C. $\dfrac{6!}{x^7}$　　　　D. $-\dfrac{6!}{x^7}$

二、填空题

1. 设 $f(x)=\begin{cases}e^{2x}+b & x<0\\ \sin ax & x\geqslant 0\end{cases}$,在 $x=0$ 处可导,则 $a=$ _____ ,

$b=$ _____ .

2. 曲线 $y=\cos x$ 上点 $\left(\dfrac{\pi}{3},\dfrac{1}{2}\right)$ 处的法线的斜率等于 _____ .

3. 曲线 $y=x^3+1$ 在点 $(1,2)$ 处的切线方程为 _____ .

4. 设直线 $y=2x$ 是抛物线 $y=x^2+ax+b$ 上过 $(2,4)$ 处的切线,则 $a=$ _____ ,

$b=$ _____ .

5. 曲线 $y=xe^x+2$ 在点 $(1,2)$ 处的切线的斜率为 _____ .

6. 设 $y=x^3+x$,则 $\dfrac{dx}{dy}\Big|_{y=2}=$ _____ .

7. 设 $f(x)=x(x-1)(x-2)(x-3)(x-4)$,则 $f'(0)=$ _____ .

8. d _____ $=\dfrac{1}{x}dx$,d _____ $=e^{2x}dx$,d _____ $=\sec^2 x\,dx$,

d _____ $=\dfrac{1}{\sqrt{x}}dx$.

9. 设 $y=\log_2 x^2$,则 $dy=$ _____ .

三、求下列函数的导数

1. $y=3\sqrt[3]{x^2}-\dfrac{1}{x^3}+\cos\dfrac{\pi}{3}$.　　　　2. $y=\cos(e^{-x})$.

3. $y=\dfrac{1}{x+\cos x}$.　　　　4. $y=(1+x^2)\arctan x$.

5. $y = \dfrac{x \ln x}{1+x}$.

6. $y = \sin(\ln x^2)$.

7. $y = \dfrac{1 - \ln x}{1 + \ln x}$.

8. $y = 2^{\tan \frac{1}{x}}$.

9. $y = x \, \mathrm{e}^x \sin x^2$.

10. $y = (2 + \sec x) \sin x$.

11. $y = \ln \sqrt{\dfrac{1-x}{1+x}}$.

12. 设 $f(x) = \begin{cases} x^2 & x \leqslant 1 \\ ax + b & x > 1 \end{cases}$ 在 $x = 1$ 处可导，求 a,b.

四、求下列各函数的导数 $\dfrac{\mathrm{d}y}{\mathrm{d}x}$

1. $\mathrm{e}^x - \mathrm{e}^y = \sin(xy)$.

2. $y^3 = x + \arccos(x - y)$.

3. $2x^2 + 3xy + 5y^3 = 0$.

4. $y = x^2 + x \mathrm{e}^y$.

5. $y = \sin(x + y)$.

6. $\arctan \dfrac{y}{x} = \ln \sqrt{x^2 + y^2}$.

7. $y \mathrm{e}^x + \ln y = 1$，求 $\dfrac{\mathrm{d}y}{\mathrm{d}x}\Big|_{x=0}$.

8. $\cos(xy) - \ln \dfrac{x+y}{y} = y$，求 $\dfrac{\mathrm{d}y}{\mathrm{d}x}\Big|_{x=0}$.

五、求下列函数的二阶导数

1. $y = x^3 \ln x$.

2. $y = \mathrm{e}^{\cos x}$.

3. $y = \mathrm{e}^{\sqrt{x}}$.

4. $y = \ln \dfrac{2-x}{2+x}$.

六、求下列函数的微分

1. $y = \ln \sin \dfrac{x}{2}$.

2. $y = \mathrm{e}^{-x} \cos(3 - x)$.

3. $y = \arctan \dfrac{1+x}{1-x}$.

4. $y = \arcsin \sqrt{1 - x^2}$.

七、解答题

1. 设 $f(x) = (ax + b)\sin x + (cx + d)\cos x$，求常数 a,b,c,d 的值，使 $f'(x) = x\cos x$.

2. 若曲线由方程 $x + \mathrm{e}^{2y} = 4 - 2\mathrm{e}^{xy}$ 确定，求曲线在 $x = 1$ 处的切线方程.

3. 求曲线 $x = y^2 + y - 1$ 在点 $(1,1)$ 处的切线方程.

第三章　　导数的应用

本章将学习导数的应用.利用导数来描述函数的性态 —— 函数的单调性、极值、最值、凹凸性、拐点.

3.1　函数的单调性和极值

单调性和极值是函数的重要性态之一,它决定了函数的递增、递减及分界点的状态.本节将借助函数的导数,介绍函数单调性和极值的性质.

3.1.1　函数的单调性

定理1　(函数单调性的判别法)设函数 $y=f(x)$ 在 $[a,b]$ 上连续,在 (a,b) 内可导,

(1) 如果在 (a,b) 内, $f'(x)>0$,则函数 $y=f(x)$ 在 (a,b) 内单调递增;

(2) 如果在 (a,b) 内, $f'(x)<0$,则函数 $y=f(x)$ 在 (a,b) 内单调递减.

证明略.如图 3.1 所示.

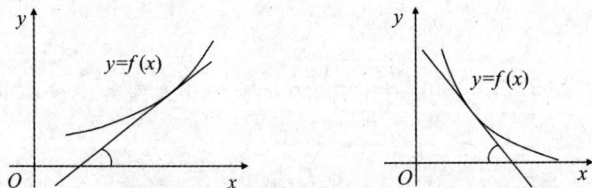

图 3.1

定义　满足导数 $f'(x_0)=0$ 的点 x_0 称为函数 $y=f(x)$ 的驻点.

例 1　判定函数 $y=x-\sin x$ 的单调性.

解　因为所给函数在 **R** 内可导，$y'=1-\cos x \geqslant 0$ 且等号只在 $x=0$ 成立，所以函数 $y=x-\sin x$ 在 **R** 内单调递增.

点 $x=0$ 为函数的驻点.

例 2　确定函数 $f(x)=\dfrac{1}{3}x^3-x^2-3x+5$ 的单调区间.

解　函数 $f(x)$ 的定义域为 $(-\infty,+\infty)$，

$f'(x)=x^2-2x-3=(x+1)(x-3)$，令 $f'(x)=0$，得 $x_1=-1,x_2=3$.

x	$(-\infty,-1)$	-1	$(-1,3)$	3	$(3,+\infty)$
y'	$+$	0	$-$	0	$+$
y	↗		↘		↗

所以，单调递增区间为 $(-\infty,-1)$ 和 $(3,+\infty)$，单调递减区间为 $(-1,3)$.

点 $x=1$ 和 $x=3$ 为函数的驻点.

例 3　确定函数 $y=\sqrt[3]{x^2}$ 的单调区间.

解　定义域 $(-\infty,+\infty)$，函数在定义域内连续，其导数为 $y'=\dfrac{2}{3\sqrt[3]{x}}$. 当 $x=0$ 时，y' 不存在，且不存在使 $y'=0$ 的点. 见表：

x	$(-\infty,0)$	0	$(0,+\infty)$
y'	$-$	不存在	$+$
y	↘		↗

所以，单调递增区间为 $(0,+\infty)$，单调递减区间为 $(-\infty,0)$.

注：单调区间的分界点可能是驻点或不可导点.

3.1.2 函数的极值

1. 定义

设函数 $y = f(x)$ 在点 x_0 的某邻域有定义,若对于该邻域内的任意一点 $x(x \neq x_0)$,恒有 $f(x_0) > f(x)$(或 $f(x_0) < f(x)$),称 $f(x_0)$ 为函数 $f(x)$ 的极大值(或极小值),x_0 为 $f(x)$ 的极大值点(或极小值点).

函数的极大值与极小值统称为极值,极大值点与极小值点统称为极值点.

在图 3.2 中,$f(C_1)$、$f(C_4)$ 都是函数 $f(x)$ 的极大值,C_1、C_4 是 $f(x)$ 的极大值点;$f(C_2)$、$f(C_5)$ 是函数 $f(x)$ 的极小值,C_2、C_5 是 $f(x)$ 的极小值点;C_3 是 $f(x)$ 的驻点.

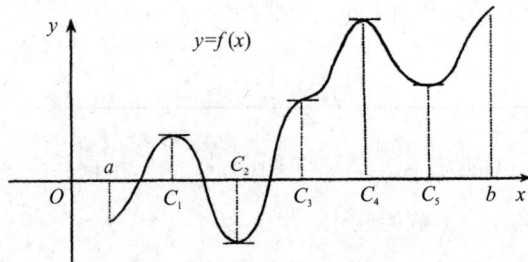

图 3.2

注:(1) 函数的极值可能是局部最值,即如果 $f(x_0)$ 是函数 $f(x)$ 的一个极大(小)值,那只是对极大(小)值点 x_0 边上的一个局部范围而言,此时极大(小)值 $f(x_0)$ 不一定是最大(小)值.

(2) 函数的极大值不一定比极小值大,如图 3.2 中 $f(C_1) < f(C_5)$.

(3) 函数的极值点一定在区间内部.

定理 2 设函数 $f(x)$ 在点 x_0 的某个邻域内连续且可导(在 x_0 处可以不可导),

(1) 若当 $x < x_0$ 时 $f'(x) > 0$,当 $x > x_0$ 时 $f'(x) < 0$,则 x_0 是 $f(x)$ 的极大值点,$f(x_0)$ 是极大值.

(2) 若当 $x < x_0$ 时 $f'(x) < 0$,当 $x > x_0$ 时 $f'(x) > 0$,则 x_0 是 $f(x)$ 的极小值点,$f(x_0)$ 是极小值.

(3) 若当 $x \neq x_0$ 时，$f'(x)$ 恒为正或恒为负，则 x_0 是 $f(x)$ 的驻点，$f(x)$ 在点 x_0 处无极值.

证明略.

定理 3　设函数 $f(x)$ 在点 x_0 处有二阶导数，且 $f'(x_0)=0$，则

(1) 当 $f''(x_0)<0$ 时，x_0 是 $f(x)$ 的极大值点，$f(x_0)$ 是极大值.

(2) 当 $f''(x_0)>0$ 时，x_0 是 $f(x)$ 的极小值点，$f(x_0)$ 是极小值.

(3) 当 $f''(x_0)=0$ 时，x_0 是 $f(x)$ 的驻点，此时无法判断 $f(x_0)$ 是否是极值.

证明略.

2. 极值点

极值点由这两种类型的点确定：(1) 驻点；(2) 使 $f'(x)$ 不存在的点.

注：(1) 驻点是使 $f'(x)=0$ 的点，即使 $f'(x)$ 分子为 0 的点；

(2) 使 $f'(x)$ 不存在的点，即使 $f'(x)$ 分母为 0 的点.

3. 两个结论

(1) 驻点不一定是极值点（如 $y=x^3$ 在 $x=0$ 处），反之，极值点也不一定是驻点（如 $y=|x|$ 在 $x=0$ 处）；

(2) 可导的极值点一定是驻点，反之不然.

4. 求极值的步骤

(1) 求出函数的定义域；

(2) 求导数 $f'(x)$，求出 $f(x)$ 的驻点和使 $f'(x)$ 不存在的点；

(3) 用这些点把定义域划分为若干子区间，列表；

(4) 综述.

例 4　求函数 $f(x)=x^3-3x^2-9x$ 的极值.

解 1　$f(x)$ 的定义域为 $(-\infty,+\infty)$.

$f'(x)=3x^2-6x-9=3(x-3)(x+1)$，令 $f'(x)=0$，得驻点为 $x_1=-1,x_2=3$.

列表如下：

x	$(-\infty, -1)$	-1	$(-1, 3)$	3	$(3, +\infty)$
y'	$+$	0	$-$	0	$+$
y	↗	极大值 5	↘	极小值 -27	↗

所以，函数 $f(x)$ 的极大值为 $f(-1)=5$，极小值为 $f(3)=-27$.

解2 $f(x)$ 的定义域为 $(-\infty, +\infty)$.

$f'(x)=3x^2-6x-9=3(x-3)(x+1)$，$f''(x)=6x-6$，

令 $f'(x)=0$，得驻点为 $x_1=-1$，$x_2=3$.

因为，$f''(-1)=-12$，$f''(3)=12$，

所以，函数 $f(x)$ 的极大值为 $f(-1)=5$，极小值为 $f(3)=-27$.

习题 3.1

一、选择题

1. $x=0$ 是函数 $f(x)=e^{x^2+2x}$ 的（　　）.

A. 零点　　　　B. 驻点　　　　C. 极值点　　　　D. 非极值点

2. 设函数 $f(x)$ 在 $[0,1]$ 上连续，在 $(0,1)$ 内可导，且 $f'(x)>0$，那么（　　）.

A. $f(0)<0$　　B. $f(1)<0$　　C. $f(1)<f(0)$　　D. $f(1)>f(0)$

3. 设 $f(x)$ 在 x_0 某邻域内可导，$f'(x_0)=0$ 是 x_0 为 $f(x)$ 极值点的（　　）.

A. 充分条件　　B. 必要条件　　C. 充要条件　　D. 非充分也非必要条件

二、填空题

1. 设 $y=\ln(x^2+1)-x$，则其驻点是 _____.

2. 函数 $y=e^{6x^3-3x^2-12x+9}$ 的极小值是 _____.

三、解答题

1. 确定下列函数的单调区间：

(1) $y = 2x^3 + 3x^2 - 12x$；

(2) $y = 3 - 2(x+1)^{\frac{1}{3}}$；

(3) $y = e^x - x - 1$；

(4) $y = \dfrac{\ln x}{x}$；

(5) $y = (x-5)x^{\frac{2}{3}}$；

(6) $y = \dfrac{x^2}{1+x}$.

2. 求下列函数的极值与极值点：

(1) $y = 3x^4 - 8x^3 + 6x^2$；

(2) $y = x^2 e^{-x}$；

(3) $y = x - \ln(1+x)$；

(4) $y = x + \sqrt{1-x}$.

3. 设函数 $y = 2x + 3\sqrt[3]{x^2}$，求其单调区间和极值.

4. 已知 $f(x) = x^3 + ax^2 + bx$ 在 $x = 1$ 处有极值 -12，试确定常系数 a 与 b.

3.2 函数的最值

3.2.1 函数的最值

在实际问题中,常常需要解决在一定条件下函数的最大值与最小值问题,因此解决函数的最值问题具有实际应用的意义.

函数的最大值与最小值统称为最值,函数的最大值点与最小值点统称为最值点.由最值定理可知,闭区间$[a,b]$上的连续函数$f(x)$,一定有最大值和最小值.

最值点由这三种类型的点确定:(1)驻点;(2)使$f'(x)$不存在的点;(3)端点.

求最值的步骤:

(1)求导数$f'(x)$,求出$f(x)$的驻点和使$f'(x)$不存在的点;

(2)求出驻点、使$f'(x)$不存在的点和端点的函数值;

(3)比较这些函数值的大小,最大的值为函数的最大值,最小的值为函数的最小值.

例1 求函数$f(x)=2x^3-3x^2-12x+9$在$[-2,3]$上的最大值和最小值.

解 显然函数$f(x)$在$[-2,3]$上连续,因为

$f'(x)=6x^2-6x-12=6(x-2)(x+1)$,令$f'(x)=0$,得驻点$x_1=-1,x_2=2$.

由于$f(-1)=16,f(2)=-11,f(-2)=5,f(3)=0$.

比较各值,得函数$f(x)$的最大值为$f(-1)=16$,最小值为$f(2)=-11$.

注:若函数是不连续的或给定的区间不是闭区间,则此函数不一定有最值.

3.2.2 函数最值的实际应用

例2 设A船位于B船正南方向82公里,A船以每小时20公里的速度向正东航行,B船以每小时16公里的速度向正南航行,问经过多长时间两船相距最近?

解 设经过t小时,两船相距S公里.此时,A船走了$20t$公里,B船离A船原来

的位置是$(82-16t)$公里,由题意,得

$$S=\sqrt{(20t)^2+(82-16t)^2},0\leqslant t\leqslant\frac{41}{8},$$

$$S'=\frac{800t+2(82-16t)\cdot(-16)}{2\sqrt{(20t)^2+(82-16t)^2}}=\frac{1312t-2624}{2\sqrt{(20t)^2+(82-16t)^2}},$$

令 $S'=0$,得 $t=2$.

当 $t=2$ 时,$S=\sqrt{4100}$;当 $t=0$ 时,$S=82$;当 $t=\frac{41}{8}$ 时,$S=102.5$.

所以,经过 2 小时,两船相距最近.

在实际问题中,可根据问题的实质判定函数 $f(x)$ 在定义区间的内部确有最大值(或最小值),且必定在定义区间内取得,此时若函数 $f(x)$ 在定义区间内仅有一个驻点 x_0,那么可不经过讨论,断定 $f(x_0)$ 是相应的最大值(或最小值).

例3 将一条长为 a 米的铝合金,制成一个长方形的窗户框架,问边长为多少米时,窗户的采光最好?

解 设窗户一边长为 x 米,面积为 y 平方米.由题意得,另一边长为 $\frac{a-2x}{2}$ 米,面积为

$$y=x\cdot\frac{a-2x}{2}=\frac{ax}{2}-x^2\left(0<x<\frac{a}{2}\right),y'=\frac{a}{2}-2x,\text{令 }y'=0,\text{得 }x=\frac{a}{4}.$$

由题意,面积在 $\left(0<x<\frac{a}{2}\right)$ 内最大值存在,且驻点唯一,所以,当长方形两

边长都取 $\frac{a}{4}$ 米时,窗户的面积最大,即采光最好.

习题 3.2

1. 求下列函数在给定区间上的最大值和最小值:

$(1)y=x^4-2x^2+5,[-2,2]$;　　　　$(2)y=\sqrt{2x-x^2},[0,2]$;

$(3)y=1-\frac{2}{3}(x-2)^{\frac{2}{3}},[0,3]$;　　　　$(4)y=\ln(1+x^2),[-1,2]$;

$(5) f(x) = \dfrac{x}{1+x^2}, [-2,2].$

2. 要造一个长方体无盖蓄水池,其容积为 500 m³,底面为正方形,设底面与四壁的单位造价相同,问底边和高各为多少米时,才能使所用材料最省?

3. 将一块边长为 a 的正方形薄铁皮的四个角裁去同样大小的正方形,做成一个无盖的长方体容器,求该容器的最大容量.

4. 某车间欲靠墙壁盖一间长方形小屋,现有存砖只够砌 20 米长的墙壁,问围成怎样的长方形才能使小屋面积最大?

5. 某厂决定卖出 x 件产品,每件产品价格 $P(x) = 150 - 0.5x$,总成本为 $C(x) = 400 + 0.25x^2$,求生产 x 件产品可获得最大利润,最大利润是多少?

3.3　曲线的凹凸与拐点

描述函数图形(曲线)的一大特征,除了要知道曲线的单调性和极值外,还得知道曲线增减的弯曲方向.本节我们将介绍曲线的凹凸与拐点,从而能准确地描绘函数的图形.

3.3.1　曲线的凹凸

定义 1　如果在区间(a,b)内,曲线$y=f(x)$上每一点处的切线都位于曲线的上(下)方,则称曲线$y=f(x)$在(a,b)内是凸(凹)的.

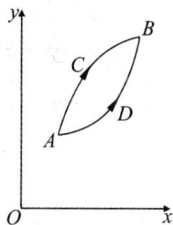

图 3.3

从图 3.3 可以看出,曲线$\overset{\frown}{ACB}$是向上弯曲的,其上每一点的切线都位于曲线上方;曲线$\overset{\frown}{ADB}$是向下弯曲的,其上每一点的切线都位于曲线下方.同时,当曲线$y=f(x)$为凸时,其切线斜率$f'(x)$是单调减少的,因而$f''(x)<0$;当曲线为凹时,其切线斜率$f'(x)$是单调增加的,因而$f''(x)>0$,这说明曲线的凸凹性可由函数$f(x)$的二阶导数的符号确定.

定理　设$f(x)$在(a,b)内存在二阶导数$f''(x)$,若在(a,b)内,

(1)$f''(x)>0$,则曲线$y=f(x)$在(a,b)内是凹的;

(2)$f''(x)<0$,则曲线$y=f(x)$在(a,b)内是凸的.

3.3.2　曲线的拐点

定义 2　连续曲线$y=f(x)$上凹凸的分界点称为曲线的拐点,记为$(x_0,f(x_0))$.

注:(1)拐点由这两种类型的点确定:①使$f''(x)=0$的点;②使$f''(x)$不存在的点.

(2)使$f''(x)=0$的点不一定是拐点[如$y=x^4$在$(0,0)$处],反之亦然[如$y=$

$x^{\frac{5}{3}}$ 在 $(0,0)$ 处].

(3) 驻点、极值点和最值点指横坐标 x，拐点指横纵坐标 $(x,f(x))$.

(4) 驻点、极值点和拐点都在区间内，最值点可以在区间内也可以是区间的端点.

求曲线凹凸区间及拐点步骤：

(1) 求出函数的定义域；

(2) 求 $f'(x)$ 和 $f''(x)$，求出使 $f''(x)=0$ 和使 $f'(x)$ 不存在的点；

(3) 用这些点把定义域划分为若干子区间，列表；

(4) 综述.

例 1　求曲线 $f(x)=x^4-2x^3+1$ 的凹凸区间及拐点.

解　定义域为 $(-\infty,+\infty)$，

$f'(x)=4x^3-6x^2,f''(x)=12x^2-12x=12x(x-1)$，

令 $f''(x)=0$，解得 $x=0,x=1$. 列表如下：

x	$(-\infty,0)$	0	$(0,1)$	1	$(1,+\infty)$
$f''(x)$	$+$	0	$-$	0	$+$
$f(x)$	$\smile$	拐点$(0,1)$	$\frown$	拐点$(1,0)$	$\smile$

所以，曲线在区间 $(-\infty,0)$ 及 $(1,+\infty)$ 内是凹的，在区间 $(0,1)$ 内是凸的，拐点是 $(0,1)$ 和 $(1,0)$.

例 2　求曲线 $f(x)=5x^2-9x^{\frac{5}{3}}$ 的凹凸区间和拐点.

解　函数 $f(x)$ 的定义域为 $(-\infty,+\infty)$，

$f'(x)=10x-15x^{\frac{2}{3}},f''(x)=10-10x^{-\frac{1}{3}}=\dfrac{10(\sqrt[3]{x}-1)}{\sqrt[3]{x}}$.

令 $f''(x)=0$ 得 $x=1$，且当 $x=0$ 时，$f''(x)$ 不存在. 列表如下：

x	$(-\infty,0)$	0	$(0,1)$	1	$(1,+\infty)$
$f''(x)$	$+$	不存在	$-$	0	$+$
$f(x)$	$\cup$	拐点$(0,0)$	$\cap$	拐点$(1,-4)$	$\cup$

所以,在区间$(-\infty,0)$和$(1,+\infty)$内曲线是凹的,在区间$(0,1)$内曲线是凸的,拐点是$(0,0)$和$(1,-4)$.

*3.3.3　曲线的渐近线

1. 水平渐近线

若$\lim\limits_{x\to\infty}f(x)=a$,则称直线$y=a$是曲线$y=f(x)$的水平渐近线.

例3　对于曲线$f(x)=\arctan x$,由于$\lim\limits_{x\to+\infty}\arctan x=\dfrac{\pi}{2}$,$\lim\limits_{x\to-\infty}\arctan x=-\dfrac{\pi}{2}$,

所以直线$y=\dfrac{\pi}{2}$与$y=-\dfrac{\pi}{2}$是曲线$f(x)=\arctan x$的水平渐近线.

2. 垂直渐近线

若$\lim\limits_{x\to x_0}f(x)=\infty$,则称直线$x=x_0$是曲线$y=f(x)$的垂直渐近线.

例4　求$f(x)=\dfrac{1}{x-1}$的垂直渐近线.

解　因为$\lim\limits_{x\to1}\dfrac{1}{x-1}=\infty$,所以,$x=1$是曲线的一条垂直渐近线.

例5　求$f(x)=e^{\frac{1}{x-1}}$的渐近线.

解　因为$\lim\limits_{x\to\infty}e^{\frac{1}{x-1}}=1$,所以,直线$y=1$是曲线的水平渐近线;

又因为$\lim\limits_{x\to1^+}e^{\frac{1}{x-1}}=+\infty$,所以,$x=1$是曲线的垂直渐近线.

3. 斜渐近线

若$\lim\limits_{x\to\infty}\dfrac{f(x)}{x}=a$,$\lim\limits_{x\to\infty}[f(x)-ax]=b$,则称直线$y=ax+b$是曲线$y=f(x)$的

斜渐近线.

例 6 求曲线 $y = \dfrac{x^2}{1+x}$ 的渐近线.

解 因为 $\lim\limits_{x \to -1} \dfrac{x^2}{1+x} = \infty$,所以直线 $x = -1$ 是曲线的垂直渐近线.又

$$a = \lim_{x \to \infty} \frac{f(x)}{x} = \lim_{x \to \infty} \frac{\dfrac{x^2}{1+x}}{x} = \lim_{x \to \infty} \frac{x}{1+x} = 1,$$

$$b = \lim_{x \to \infty} [f(x) - ax] = \lim_{x \to \infty} \left(\frac{x^2}{1+x} - x \right) = \lim_{x \to \infty} \left(-\frac{x}{1+x} \right) = -1,$$

所以,$y = x - 1$ 是曲线的斜渐近线.

注:(1) 一有限一无穷产生渐近线,如 $\lim\limits_{x \to \infty} f(x) = a$,$y = a$ 是水平渐近线;

$\lim\limits_{x \to x_0} f(x) = \infty$,$x = x_0$ 是垂直渐近线.

(2) 两有限或两无穷,不产生渐近线,如 $\lim\limits_{x \to x_0} f(x) = A$ 或 $\lim\limits_{x \to \infty} f(x) = \infty$.

习题 3.3

一、选择题

1. 曲线 $y = x\mathrm{e}^x$ 单调递减且凹的区间是(   ).

A.$(-\infty, -2)$ B.$(-2, -1)$ C.$(-1, +\infty)$ D.$(0, +\infty)$

2. 曲线 $y = x^3$ 在区间 $(0, +\infty)$ 上(   ).

A. 单调上升且是凹的   B. 单调上升且是凸的

C. 单调下降且是凹的   D. 单调下降且是凸的

3. 在区间 $(-1, 1)$ 内,函数 $f(x) = \mathrm{e}^{2x+1}$ 是(   ).

A. 有界且单调增加函数   B. 有界且单调减少函数

C. 无界且单调增加函数   D. 无界且单调减少函数

4. 若 $f(x)$ 在区间 (a, b) 内有 $f'(x) > 0, f''(x) > 0$,则 $f(x)$ 在 (a, b)

内(   ).

A. 单调增加,曲线 $f(x)$ 是凹的   B. 单调增加,曲线 $f(x)$ 是凸的

C. 单调减少,曲线 $f(x)$ 是凹的　　　　D. 单调减少,曲线 $f(x)$ 是凸的

5. 条件 $f''(x_0)=0$ 是点 (x_0,y_0) 为 $f(x)$ 拐点的(　　).

A. 必要条件　　　　　　　　　　B. 充分条件

C. 充要条件　　　　　　　　　　D. A,B,C 都不是

二、填空题

1. 曲线 $y=\sqrt[3]{x^5}$ 的拐点是 _____.

2. 曲线 $y=x^3(3-x)$ 的拐点是 _____.

3. 已知点 $x=1$ 是曲线 $f(x)=x^3+ax^2-9x+4$ 的拐点,则 $a=$ _____.

4. 曲线 $y=1+\sqrt[3]{x}$ 在区间 _____ 上的图像是凹的.

5. 函数 $y=e^{-(x-1)^2}$ 在 $(-\infty,+\infty)$ 内的拐点的横坐标为 $x=$ _____.

6. 曲线 $f(x)=1+(x-1)^{\frac{1}{3}}$ 的拐点是 _____.

7. 曲线 $y=x-x^3$ 在拐点处的切线方程是 _____.

8. 已知曲线 $y=x^3+ax^2+b$ 的拐点为 $(1,-1)$,求常数 a,b 的值.

三、解答题

1. 求下列曲线的凹凸区间和拐点

(1) $y=x^4-6x^3+12x^2-10$;　　　　(2) $y=\sqrt[3]{x}$;

(3) $y=x\ln x$;　　　　　　　　　(4) $y=\dfrac{x}{1+x^2}$.

2. 求下列曲线的渐近线

(1) $y=\dfrac{x+3}{(x-1)(x-2)}$;　　　　(2) $y=\dfrac{(x-1)^3}{(x+1)^2}$;

(3) $y=e^{\frac{1}{x}}+1$;　　　　　　　(4) $y=\dfrac{\ln x}{x}$.

3. a,b 为何值时,点 $(1,2)$ 为曲线 $y=ax^3+bx^2$ 的拐点.

4. 设曲线 $y=x^3+3ax^2+3bx+c$ 在 $x=-1$ 处有极大值,点 $(0,3)$ 是拐点,试确定 a,b,c 的值.

复习题(三)

一、选择题

1. 函数 $y = x - e^x$ 单调增加的区间是(　　).

A. $[-1, +\infty)$　　　　B. $(-\infty, \infty)$　　　　C. $(-\infty, 0]$　　　　D. $[0, +\infty)$

2. 若 x_0 为 $f(x)$ 的极值点,则下列命题(　　)正确.

A. $f'(x_0) = 0$　　　　　　　　　　B. $f'(x_0) \neq 0$

C. $f'(x_0) = 0$ 或 $f'(x_0)$ 不存在　　　　D. $f'(x_0)$ 不存在

3. $f(x) = x - \sin x$ 在区间 $[0, 1]$ 上的最大值为(　　).

A. 0　　　　　　　　B. 1　　　　　　　　C. $1 - \sin 1$　　　　D. $\dfrac{\pi}{2}$

4. 下列命题正确的是(　　).

A. 驻点一定是极值点　　　　　　　B. 驻点不是极值点

C. 驻点不一定是极值点　　　　　　D. 驻点是函数的零点

5. 若 $f(x)$ 在区间 (a, b) 内恒有 $f'(x) > 0, f''(x) < 0$,则曲线 $f(x)$ 在此区间内是(　　).

A. 单调增加,凸的　　　　　　　　B. 单调减少,凸的

C. 单调增加,凹的　　　　　　　　D. 单调减少,凹的

6. 设函数 $f(x)$ 为奇函数,且在 $(-\infty, +\infty)$ 内二阶可导,当 $x < 0$ 时,$f'(x) < 0, f''(x) > 0$,则当 $x > 0$ 时,$f(x)$ 为(　　).

A. 单调递减,凹的　　　　　　　　B. 单调递增,凹的

C. 单调递减,凸的　　　　　　　　D. 单调递增,凸的

7. 曲线 $f(x) = x^2 - 2x + 3$ 在 $(-\infty, 1]$ 上(　　).

A. 单调上升且是凹的　　　　　　　B. 单调上升且是凸的

C. 单调下降且是凹的　　　　　　　　D. 单调下降且是凸的

8. 曲线 $y = x\arctan x$ 的图形在(　　).

A. $(-\infty, +\infty)$ 内凹　　　　　　　B. $(-\infty, +\infty)$ 内凸

C. $(-\infty, 0)$ 内凹,$(0, +\infty)$ 内凸　　D. $(-\infty, 0)$ 内凸,$(0, +\infty)$ 内凹

9. 如图所示,曲线 $y = f(x)$ 在区间 $[1, +\infty)$ 上(　　).

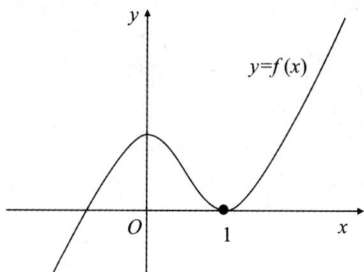

A. 单调增加且是凸的　　　　　　　　B. 单调增加且是凹的

C. 单调减少且是凸的　　　　　　　　D. 单调减少且是凹的

10. $f''(x_0) = 0$ 是 $y = f(x)$ 的图形在 x_0 处有拐点的(　　).

A. 充分条件　　　　　　　　　　　　B. 必要条件

C. 充要条件　　　　　　　　　　　　D. 以上说法都不对

11. 曲线 $y = \dfrac{x^2 + 1}{x - 1}$(　　).

A. 有水平渐近线,无垂直渐近线

B. 无水平渐近线,有垂直渐近线

C. 既无水平渐近线,又无垂直渐近线

D. 既有水平渐近线,又有垂直渐近线

二、填空题

1. 函数 $y = x^2 - \ln x^2$ 在 $(0,1)$ 内是单调 ＿＿＿＿＿＿.

2. 函数 $f(x) = x + \dfrac{1}{x}$ 的单调减区间为 ＿＿＿＿＿＿.

3. 函数 $y = |x - 2|$ 的单调递减区间是 ＿＿＿＿＿＿.

4. 若函数 $f(x) = k\sin x + \dfrac{1}{4}\sin 4x$ 在 $x = \dfrac{\pi}{4}$ 处取得极值,则 $k =$ _____.

5. 函数 $f(x) = 2x^3 - 6x^2 + 3$ 在区间 $[-2, 2]$ 上有最大值 _____,最小值 _____.

6. 设 $f(x) = ax^3 - 12ax + b$ 在区间 $[-1, 2]$ 上的最大值为 3,最小值为 -51,且 $a > 0$,则 $a =$ _____,$b =$ _____.

7. 曲线 $y = 3x^3 + \dfrac{9}{2}x$ 的拐点是 _____.

8. 曲线 $y = x^3$ 的拐点是 _____.

9. 曲线 $y = x\mathrm{e}^{-x}$ 的拐点是 _____.

10. 设 $f(x) = x^3\ln x$,则方程 $f'(x) - \dfrac{2}{x}f(x) = 0$ 的根是 _____.

11. 函数 $y = \dfrac{\mathrm{e}^{3-x}}{3+x}$ 的水平渐近线是 _____.

12. 函数 $f(x) = \dfrac{x^3 + x + 1}{2x^3 - 2x + 5}$ 的水平渐近线为 _____.

三、解答题

1. 已知 $f(x) = x^3 + ax^2 + bx$ 在 $x = 1$ 处有极值 -2,求 a, b 的值.

2. a 为何值时,函数 $y = f(x) = a\sin x + \dfrac{1}{3}\sin 3x$ 在 $x = \dfrac{\pi}{3}$ 处取得极值.它是极大值,还是极小值?求此极值.

3. 求函数 $y = \dfrac{1}{8}\left(\dfrac{3}{x} + x\right)$ 在区间 $[1, 6]$ 的最值.

4. 求函数 $y = x^2\mathrm{e}^{-x}$ 在 $[-1, 3]$ 上的最大值和最小值.

5. 求函数 $y = \dfrac{2}{3}x - \sqrt[3]{x^2}$ 的单调区间、极值点与极值,并求相应曲线的拐点与凹凸区间.

6. 设点 $P(1, 3)$ 为曲线 $y = ax^3 + bx^2$ 的拐点,求 a, b 的值.

7. 试确定 a, b, c 的值,使得函数 $f(x) = ax^3 + bx^2 + cx$ 有一拐点 $(1, 2)$,且在

该点处切线的斜率为 -1.

8. 要围一个面积为 150 平方米的矩形场地,所围材料的造价正面每平方米 6 元,其余三面每平方米 3 元,当场地的长、宽各为多少米时,才能使材料费最少?(四面墙的高度相同)

9. 依订货方要求,某厂计划生产一批无盖圆柱形玻璃杯,玻璃杯的容积为 16π 立方厘米.设底面单位面积的造价是侧壁单位面积造价的 2 倍,问底面半径和高分别为多少厘米才能使玻璃杯造价最省?

第四章 积分学

前面介绍了一元函数微分学的知识,本章将学习一元函数积分学.积分与微分是一对互逆的运算,利用微分的知识解决积分的问题,是本章要解决的问题.不定积分和定积分是一元函数积分学的两个部分.不定积分重在积分的计算,定积分重在应用.积分在自然科学与工程技术中有着广泛的应用.

4.1 不定积分的概念与直接积分法

在本章中我们要解决的问题是已知函数的导函数(或微分),如何求该函数.这是积分学的基本问题.

4.1.1 不定积分概念

1. 原函数

已知 $f(x)$ 在区间 I 上有定义,若存在可导函数 $F(x)$ 使得对任意 $x \in I$,都有 $F'(x) = f(x)$ 或 $\mathrm{d}F(x) = f(x)\mathrm{d}x$,称 $F(x)$ 为 $f(x)$ 在区间 I 上的一个原函数.

定理 若函数 $f(x)$ 在区间 I 上有一个原函数 $F(x)$,则函数 $f(x)$ 在区间 I 上就有无穷多个原函数 $F(x) + c$,且每两个原函数之间相差一个常数.

2. 不定积分

若 $F(x)$ 是 $f(x)$ 在区间 I 上的一个原函数,称 $f(x)$ 的全体原函数 $F(x) + c$ 为 $f(x)$ 在区间 I 上的不定积分,记为 $\int f(x)\mathrm{d}x$,即 $\int f(x)\mathrm{d}x = F(x) + c$.

其中,记号 $\int$ 称为积分号,$f(x)$ 称为被积函数,$f(x)\mathrm{d}x$ 称为被积表达式,x 称为积分变量.

注:(1) 由定义知,$f(x)$ 的不定积分就是 $f(x)$ 的一个原函数加常数 c;

(2) 不定积分的 c 不能丢掉,它是不定积分的标志;

(3) 若 $G(x)$ 也是 $f(x)$ 的一个原函数,则 $F(x)-G(x)=c$.

例 1 求 $\int x^2 \mathrm{d}x$.

解 因为 $(\dfrac{x^3}{3})' = x^2$,所以 $\int x^2 \mathrm{d}x = \dfrac{x^3}{3} + c$.

例 2 求 $\int \dfrac{1}{1+x^2} \mathrm{d}x$.

解 因为 $(\arctan x)' = \dfrac{1}{1+x^2}$,所以 $\int \dfrac{1}{1+x^2} \mathrm{d}x = \arctan x + c$.

3. 导数与不定积分的关系

(1) $\left[\int f(x)\mathrm{d}x\right]' = f(x)$;   (2) $\mathrm{d}\left[\int f(x)\mathrm{d}x\right] = f(x)\mathrm{d}x$;

(3) $\int F'(x)\mathrm{d}x = F(x) + c$;   (4) $\int \mathrm{d}F(x) = F(x) + c$.

4. 积分运算法则

(1) $\int (f(x) \pm g(x))\mathrm{d}x = \int f(x)\mathrm{d}x \pm \int g(x)\mathrm{d}x$;

(2) $\int kf(x)\mathrm{d}x = k\int f(x)\mathrm{d}x$($k$ 为常数).

5. 积分基本公式

求导运算与积分运算互为逆运算,因此由导数的基本公式,可以得到相应的积分基本公式.

(1) $\int 0\mathrm{d}x = c$(k 为常数);   (2) $\int x^a \mathrm{d}x = \dfrac{x^{a+1}}{a+1} + c$($a \neq -1$);

(3) $\int a^x \mathrm{d}x = \dfrac{a^x}{\ln a} + c$;   (4) $\int e^x \mathrm{d}x = e^x + c$;

(5) $\int \dfrac{1}{x}\mathrm{d}x = \ln|x| + c$;   (6) $\int \cos x \mathrm{d}x = \sin x + c$;

(7) $\int \sin x \, \mathrm{d}x = -\cos x + c$;　　　　(8) $\int \sec^2 x \, \mathrm{d}x = \tan x + c$;

(9) $\int \csc^2 x \, \mathrm{d}x = -\cot x + c$;　　　(10) $\int \sec x \tan x \, \mathrm{d}x = \sec x + c$;

(11) $\int \csc x \cot x \, \mathrm{d}x = -\csc x + c$;　　(12) $\int \dfrac{1}{\sqrt{1-x^2}} \, \mathrm{d}x = \arcsin x + c$;

(13) $\int \dfrac{1}{1+x^2} \, \mathrm{d}x = \arctan x + c$.

4.1.2　直接积分法

利用不定积分的基本公式,可以直接计算一些简单函数的不定积分.

例3　求 $\int (1 + 2\cos x) \, \mathrm{d}x$.

解　$\int (1 + 2\cos x) \, \mathrm{d}x = \int 1 \, \mathrm{d}x + \int 2\cos x \, \mathrm{d}x = x + 2\sin x + c$.

例4　求 $\int x \sqrt{x} \, \mathrm{d}x$.

解　$\int x \sqrt{x} \, \mathrm{d}x = \int x^{\frac{3}{2}} \, \mathrm{d}x = \dfrac{x^{\frac{3}{2}+1}}{\frac{3}{2}+1} + c = \dfrac{2}{5} x^{\frac{5}{2}} + c$.

例5　求 $\int \dfrac{x^2}{x^2+1} \, \mathrm{d}x$.

解　$\int \dfrac{x^2}{x^2+1} \, \mathrm{d}x = \int \dfrac{x^2+1-1}{x^2+1} \, \mathrm{d}x = \int \left(1 - \dfrac{1}{x^2+1}\right) \mathrm{d}x = x - \arctan x + c$.

例6　求积分 $\int \dfrac{(x-2)^2}{x^2} \, \mathrm{d}x$.

解　$\int \dfrac{(x-2)^2}{x^2} \, \mathrm{d}x = \int \dfrac{x^2 - 4x + 4}{x^2} \, \mathrm{d}x$

$$= \int \left(1 - \dfrac{4}{x} + \dfrac{4}{x^2}\right) \mathrm{d}x$$

$$= x - 4\ln x - \dfrac{4}{x} + c .$$

直接积分法的解题技巧：

（1）化乘除为加减；

（2）利用三角函数公式化简；

（3）化假分式为多项式与真分式之和.

例 7　求 $\int 2^{3x} \cdot e^{2x} dx$.

解　原式 $= \int (8e^2)^x dx = \dfrac{(8e^2)^x}{\ln(8e^2)} + c = \dfrac{2^{3x} \cdot e^{2x}}{3\ln 2 + 2} + c$.

例 8　求 $\int \dfrac{(1-x)^2}{x(1+x^2)} dx$.

解　原式 $= \int \dfrac{1-2x+x^2}{x(1+x^2)} dx = \int \left(\dfrac{1}{x} + \dfrac{-2}{1+x^2} \right) dx$

$\qquad = \ln x - 2\arctan x + c$.

例 9　求 $\int \dfrac{x^2+3}{x^2(1+x^2)} dx$.

解　原式 $= \int \dfrac{3x^2+3-2x^2}{x^2(1+x^2)} dx = \int \left(\dfrac{3}{x^2} + \dfrac{-2}{1+x^2} \right) dx$

$\qquad = -\dfrac{3}{x} - 2\arctan x + c$.

例 10　求 $\int \cos^2 \dfrac{x}{2} dx$.

解　原式 $= \int \dfrac{1+\cos x}{2} dx = \dfrac{1}{2} x + \dfrac{1}{2} \sin x + c$.

例 11　求 $\int \cot^2 x dx$.

解　原式 $= \int (\csc^2 x - 1) dx = -\cot x - x + c$.

例 12　求 $\int \dfrac{\cos 2x}{\sin x + \cos x} dx$.

解　原式 $= \int \dfrac{\cos^2 x - \sin^2 x}{\sin x + \cos x} dx$

$\qquad = \int (\cos x - \sin x) dx = \sin x + \cos x + c$.

例 13　求 $\displaystyle\int \frac{x^4-x^2+1}{1+x^2}\mathrm{d}x$.

解　原式 $\displaystyle=\int \frac{x^4+x^2-2x^2-2+3}{1+x^2}\mathrm{d}x$

$\displaystyle=\int\left(x^2-2+\frac{3}{1+x^2}\right)\mathrm{d}x$

$\displaystyle=\frac{x^3}{3}-2x+3\arctan x+c$.

例 14　若 $\displaystyle\int xf(x)\mathrm{d}x=x^2\sin x$，求 $f(x)$.

解　因为 $F(x)=x^2\sin x$，所以 $xf(x)=F'(x)=2x\sin x+x^2\cos x$，即

$f(x)=2\sin x+x\cos x$.

习题 4.1

一、选择题

1. 若 $f(x)$ 的导函数是 $\sin x$，则 $f(x)$ 的一个原函数是（　　）.

A. $1-\sin x$　　　　B. $1+\sin x$　　　　C. $1+\cos x$　　　　D. $1-\cos x$

2. 设 $f(x)$ 的一个原函数是 e^{x^2}，则 $f'(x)=$（　　）.

A. $x\mathrm{e}^{x^2}$　　　　B. $2x^2\mathrm{e}^{x^2}$　　　　C. $2(1+2x^2)\mathrm{e}^{x^2}$　　　D. $2(1+x^2)\mathrm{e}^{x^2}$

3. 若 $f'(x)$ 为连续函数，则下列等式正确的是（　　）.

A. $\displaystyle\int \mathrm{d}f(x)=f(x)+c$　　　　　　　　B. $\displaystyle\left(\int \mathrm{d}f(x)\right)'=f(x)$

C. $\displaystyle\int f'(x)\mathrm{d}x=f(x)$　　　　　　　　D. $\displaystyle\mathrm{d}\int f(x)\mathrm{d}x=f(x)$

4. 设 $x\mathrm{e}^x$ 是 $f(x)$ 的一个原函数，则 $f'(x)=$（　　）.

A. $x\mathrm{e}^x$　　　　B. $(x+1)\mathrm{e}^x$　　　　C. $(x+2)\mathrm{e}^x$　　　　D. e^x

5. 下列函数中原函数为 $\ln kx(k\neq 0)$ 的是（　　）.

A. $\dfrac{1}{kx}$　　　　B. $\dfrac{k}{x}$　　　　C. $\dfrac{1}{x}$　　　　D. $\dfrac{1}{k^2x}$

6. 若 $f(x) = k\tan 2x$ 的一个原函数为 $\dfrac{1}{3}\ln(\cos 2x)$，则 $k = ($ $)$.

A. $\dfrac{2}{3}$ B. $-\dfrac{2}{3}$ C. $\dfrac{3}{2}$ D. $-\dfrac{3}{2}$

7. 若 $\displaystyle\int f(x)\,\mathrm{d}x = \mathrm{e}^{2x} + c$，则 $f(x) = ($ $)$.

A. e^{2x} B. $2\mathrm{e}^{2x}$ C. $\dfrac{1}{2}\mathrm{e}^{2x} + c$ D. $\mathrm{e}^{2x} + c$

二、填空题

1. 若 x^3 为 $f(x)$ 的一个原函数，则 $\mathrm{d}f(x) = $ _____ .

2. 若 $f(x)$ 的一个原函数为 $2\cos x - x$，求 $f(x) = $ _____ .

3. 若 $f(x)$ 的一个原函数是 $\mathrm{e}^x + \cos x$，则 $f'(x) = $ _____ .

4. 若 $f(x)$ 的一个原函数为 $x^2 - 4$，求 $\displaystyle\int f(x)\,\mathrm{d}x = $ _____ .

5. 若 $f'(x) = x + 1$，求 $\displaystyle\int f(x)\,\mathrm{d}x = $ _____ .

6. 若 $f(x)$ 的一个原函数为 $\cos x$，则 $\displaystyle\int f'(x)\,\mathrm{d}x = $ _____ .

7. 设 $\displaystyle\int f(x)\,\mathrm{d}x = \sin(2x-1) + c$，则 $f(x) = $ _____ .

8. 若 $f(x)$ 的一个原函数为 $\cos x$，则 $\left[\displaystyle\int f(x)\,\mathrm{d}x\right]' = $ _____ .

9. 设 $F(x)$ 为可微函数，则 $\displaystyle\int \mathrm{d}F(x) = $ _____ .

三、求下列不定积分

1. $\displaystyle\int (x^3 + 2\sin x - 3\mathrm{e}^x)\,\mathrm{d}x$；

2. $\displaystyle\int \left(2\cos x + 2^x - \dfrac{4}{x}\right)\mathrm{d}x$；

3. $\displaystyle\int \left(\dfrac{3}{1+x^2} + 2\sec^2 x - \dfrac{4}{\sqrt{1-x^2}}\right)\mathrm{d}x$；

4. $\displaystyle\int \dfrac{x^2 - 2 + x\sin x}{x}\,\mathrm{d}x$；

5. $\displaystyle\int \dfrac{x^2 - 1}{x^2 + 1}\,\mathrm{d}x$；

6. $\displaystyle\int \dfrac{1 + x + x^2}{x(1+x^2)}\,\mathrm{d}x$；

7. $\displaystyle\int \tan^2 x\,\mathrm{d}x$.

4.2　第一类型换元法

前面我们介绍了利用不定积分的性质和基本积分公式直接求一些简单函数的不定积分,本节要介绍求积分的第二种方法,即第一类型换元法或称凑微分法.

例1　求 $\int e^{2x} \, dx$.

解法1　原式 $= \int (e^2)^x \, dx = \dfrac{(e^2)^x}{\ln(e^2)} + c = \dfrac{e^{2x}}{2} + c$;

解法2　利用积分公式 $4: \int e^t \, dt = e^t + c$,所以,原式 $= \dfrac{1}{2} \int e^{2x} \, d(2x) = \dfrac{e^{2x}}{2} + c$.

一般地,我们有如下定理:

定理　如果 $\int f(x) \, dx = F(x) + c$,则 $\int f(t) \, dt = F(t) + c$,其中 $t = \varphi(x)$ 是 x 的任一可微函数.

此定理说明在积分公式中,把自变量 x 换成任一可微函数后公式仍成立.

这种求积分的方法称为第一类型换元积分法或凑微分法.

例2　求 $\int (2x+1)^3 \, dx$.

解　原式 $= \dfrac{1}{2} \int (2x+1)^3 \, d(2x+1) = \dfrac{1}{8} (2x+1)^4 + c$.

例3　求 $\int \cos(3x-1) \, dx$.

解　原式 $= \dfrac{1}{3} \int \cos(3x-1) \, d(3x-1) = \dfrac{1}{3} \sin(3x-1) + c$.

例4　求 $\int x e^{-x^2} \, dx$.

解　原式 $= -\dfrac{1}{2} \int e^{-x^2} \, d(-x^2) = -\dfrac{1}{2} e^{-x^2} + c$.

例 5　求 $\displaystyle\int \frac{1}{x\ln x}\mathrm{d}x$.

解　原式 $\displaystyle=\int \frac{1}{\ln x}\mathrm{d}(\ln x)=\ln(\ln x)+c$.

例 6　求 $\displaystyle\int \frac{\mathrm{e}^{2\sqrt{x}}}{\sqrt{x}}\mathrm{d}x$.

解　原式 $\displaystyle=\int \mathrm{e}^{2\sqrt{x}}\mathrm{d}(2\sqrt{x})=\mathrm{e}^{2\sqrt{x}}+c$.

例 7　求 $\displaystyle\int \cot x\,\mathrm{d}x$.

解　原式 $\displaystyle=\int \frac{\cos x}{\sin x}\mathrm{d}x=\int \frac{1}{\sin x}\mathrm{d}(\sin x)=\ln(\sin x)+c$.

例 8　求 $\displaystyle\int \sin^2 x\,\mathrm{d}x$.

解　原式 $\displaystyle=\int \frac{1-\cos 2x}{2}\mathrm{d}x=\frac{1}{2}x-\frac{1}{4}\sin 2x+c$.

例 9　求 $\displaystyle\int \sin^3 x\,\mathrm{d}x$.

解　原式 $\displaystyle=-\int \sin^2 x\,\mathrm{d}(\cos x)=-\int(1-\cos^2 x)\mathrm{d}(\cos x)=-\cos x+\frac{1}{3}\cos^2 x+c$.

例 10　求 $\displaystyle\int \sin^2 x\cdot\cos x\,\mathrm{d}x$.

解　原式 $\displaystyle=\int \sin^2 x\,\mathrm{d}(\sin x)=\frac{1}{3}\sin^3 x+c$.

例 11　求 $\displaystyle\int \frac{1}{\sqrt{a^2-x^2}}\mathrm{d}x$.

解　原式 $\displaystyle=\frac{1}{a}\int \frac{1}{\sqrt{1-\dfrac{x^2}{a^2}}}\mathrm{d}x=\frac{a}{a}\int \frac{1}{\sqrt{1-\left(\dfrac{x}{a}\right)^2}}\mathrm{d}\left(\frac{x}{a}\right)=\arcsin\left(\frac{x}{a}\right)+c$.

例 12　求 $\displaystyle\int \frac{1}{a^2+x^2}\mathrm{d}x$.

解　原式 $\displaystyle=\frac{1}{a^2}\int \frac{1}{1+\dfrac{x^2}{a^2}}\mathrm{d}x=\frac{a}{a^2}\int \frac{1}{1+\left(\dfrac{x}{a}\right)^2}\mathrm{d}\left(\frac{x}{a}\right)=\frac{1}{a}\arctan\left(\frac{x}{a}\right)+c$.

例 13 求 $\int \dfrac{1}{a^2-x^2}\mathrm{d}x$.

解 原式 $=\int \dfrac{1}{(a-x)(a+x)}\mathrm{d}x = \dfrac{1}{2a}\int\left(\dfrac{1}{a-x}+\dfrac{1}{a+x}\right)\mathrm{d}x$

$$= \dfrac{-1}{2a}\ln(a-x)+\dfrac{1}{2a}\ln(a+x)+c = \dfrac{1}{2a}\ln\left(\dfrac{a+x}{a-x}\right)+c.$$

例 14 求 $\int \dfrac{1}{x^2+2x+3}\mathrm{d}x$.

解 原式 $=\int \dfrac{1}{2+(x+1)^2}\mathrm{d}(x+1) = \dfrac{1}{\sqrt{2}}\arctan\dfrac{x+1}{\sqrt{2}}+c$.

例 15 求 $\int \dfrac{1}{1+\mathrm{e}^{-x}}\mathrm{d}x$.

解 原式 $=\int \dfrac{\mathrm{e}^x}{\mathrm{e}^x+1}\mathrm{d}x = \int \dfrac{1}{\mathrm{e}^x+1}\mathrm{d}(\mathrm{e}^x+1) = \ln(\mathrm{e}^x+1)+c$.

习题 4.2

一、选择题

1. 若 $\int f(x)\mathrm{d}x = F(x)+c$，则 $\int \sin x f(\cos x)\mathrm{d}x = ($ $)$.

A. $F(\sin x)+c$ B. $-F(\sin x)+c$

C. $F(\cos x)+c$ D. $-F(\cos x)+c$

2. 若 $f(x)$ 的一个原函数为 $\sin(x^2)$，则 $\int f(2x)\mathrm{d}x = ($ $)$.

A. $2\sin(x^2)+c$ B. $\dfrac{1}{2}\sin(x^2)+c$

C. $\sin(4x^2)$ D. $\dfrac{1}{2}\sin(4x^2)+c$

二、填空题

1. $\int \sin x \cos^2 x\,\mathrm{d}x = $ _____.

2. 若 $f(x)=\ln x$，则 $\int \mathrm{e}^x f'(\mathrm{e}^x)\mathrm{d}x = $ _____.

3. 若 $\int f(x)\mathrm{d}x = x^2 + c$，则 $2\int xf(1+x^2)\mathrm{d}x = $ _____．

4. 设 $\int f(x)\mathrm{d}x = x^2 + c$，则 $\int \dfrac{1}{x}f(\ln x)\mathrm{d}x = $ _____．

三、求下列不定积分

1. $\displaystyle\int (3x-1)^{10}\mathrm{d}x$；

2. $\displaystyle\int \sqrt{3x+5}\,\mathrm{d}x$；

3. $\displaystyle\int 2x\,\mathrm{e}^{x^2}\mathrm{d}x$；

4. $\displaystyle\int x\sqrt{x^2+4}\,\mathrm{d}x$；

5. $\displaystyle\int \dfrac{\cos\sqrt{x}}{\sqrt{x}}\mathrm{d}x$；

6. $\displaystyle\int \mathrm{e}^{-2x}\mathrm{d}x$；

7. $\displaystyle\int \dfrac{\mathrm{e}^{\frac{1}{x}}}{x^2}\mathrm{d}x$；

8. $\displaystyle\int \tan x\,\mathrm{d}x$；

9. $\displaystyle\int \dfrac{1}{\cos^2(3x-1)}\mathrm{d}x$；

10. $\displaystyle\int \dfrac{1}{4+9x^2}\mathrm{d}x$；

11. $\displaystyle\int \dfrac{x}{\sqrt{1-x^2}}\mathrm{d}x$；

12. $\displaystyle\int \dfrac{x^2}{\sqrt{1+x^3}}\mathrm{d}x$；

13. $\displaystyle\int \dfrac{1}{\sqrt{x}(1+x)}\mathrm{d}x$；

14. $\displaystyle\int \dfrac{1}{x^2+6x+5}\mathrm{d}x$；

15. $\displaystyle\int \dfrac{1}{x^2+4x+5}\mathrm{d}x$；

16. $\displaystyle\int \dfrac{x-1}{x^2+4x+5}\mathrm{d}x$；

17. $\displaystyle\int \dfrac{1}{1+\mathrm{e}^x}\mathrm{d}x$；

18. $\displaystyle\int \dfrac{1}{\mathrm{e}^{-x}+\mathrm{e}^x}\mathrm{d}x$；

19. $\displaystyle\int \cos^2 x\,\mathrm{d}x$；

20. $\displaystyle\int \cos^3 x\,\mathrm{d}x$；

21. $\displaystyle\int \dfrac{\sin x}{\tan^2 x+1}\mathrm{d}x$；

22. $\displaystyle\int \dfrac{\sec^2 x}{\tan x+1}\mathrm{d}x$．

4.3　第二类型换元法

前面介绍了不定积分的直接积分法和第一类型换元法,但这些方法对于某些类型函数的积分不适用,需要引入其他的积分方法.本节介绍第二类型换元法.

第一换元法是用变量 t 替换函数 $\varphi(x)$,第二类型换元是用函数 $\varphi(t)$ 替换变量 x,即令 $x=\varphi(t)$,则

$$\int f(x)\mathrm{d}x \xrightarrow{x=\varphi(t)} \int f[\varphi(t)]\varphi'(t)\mathrm{d}t = F(t)+c \xrightarrow[\text{回代}]{t=\varphi^{-1}(x)} F[\varphi^{-1}(x)]+c.$$

这种方法叫作第二类型换元法.

4.3.1　根式换元法

例 1　求 $\displaystyle\int \frac{1}{2+\sqrt{x}}\mathrm{d}x$.

解　令 $\sqrt{x}=t$,则 $x=t^2$,$\mathrm{d}x=2t\,\mathrm{d}t$,所以,

$$原式 = \int \frac{2t}{2+t}\mathrm{d}t = 2\int\left(1-\frac{2}{2+t}\right)\mathrm{d}t = 2\int\mathrm{d}t - 4\int\frac{1}{2+t}\mathrm{d}(2+t)$$

$$= 2t - 4\ln|2+t| + c$$

$$= 2\sqrt{x} - 4\ln|2+\sqrt{x}| + c.$$

例 2　求 $\displaystyle\int \frac{x}{1+\sqrt{1-x}}\mathrm{d}x$.

解　令 $\sqrt{1-x}=t$,得 $x=1-t^2$,$\mathrm{d}x=-2t\,\mathrm{d}t$,所以

$$原式 = -\int \frac{1-t^2}{1+t}\cdot 2t\,\mathrm{d}t = 2\int(t^2-t)\mathrm{d}t = \frac{2}{3}t^3 - t^2 + c$$

$$= \frac{2}{3}(1-x)^{\frac{3}{2}} + x + c.$$

注:(1)被积函数中含有根式 $\sqrt{ax+b}$,可令 $\sqrt{ax+b}=t$.

(2)根式里的式子应是一次多项式,若高于一次的,此法失效.

*4.3.2　三角换元法

（1）$\sqrt{a^2-x^2}$：令 $x=a\sin t$，则 $\sqrt{a^2-x^2}=a\cos t$；

（2）$\sqrt{a^2+x^2}$：令 $x=a\tan t$，则 $\sqrt{a^2+x^2}=a\sec t$；

（3）$\sqrt{x^2-a^2}$：令 $x=a\sec t$，则 $\sqrt{x^2-a^2}=a\tan t$.

例3　求 $\displaystyle\int\frac{x^3}{\sqrt{a^2-x^2}}\mathrm{d}x\ (a>0)$.

解　令 $x=a\sin t$，则 $\mathrm{d}x=a\cos t\,\mathrm{d}t$，所以

$$原式=\int\frac{a^3\sin^3 t}{a\cos t}\cdot a\cos t\,\mathrm{d}t=-a^3\int(1-\cos^2 t)\mathrm{d}(\cos t)$$

$$=-a^3\cos t+\frac{a^3}{3}\cos^3 t+c$$

$$=-a^3\frac{\sqrt{a^2-x^2}}{a}+\frac{a^3}{3}\left(\frac{\sqrt{a^2-x^2}}{a}\right)^3+c$$

$$=-a^2\sqrt{a^2-x^2}+\frac{1}{3}(a^2-x^2)^{\frac{3}{2}}+c.$$

（如图 4.1 所示，因为 $\sin t=\dfrac{x}{a}$，利用三角法可得 $\cos t=\dfrac{\sqrt{a^2-x^2}}{a}$.）

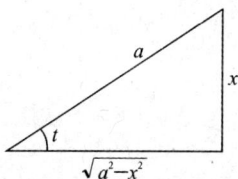

图 4.1

例4　求 $\displaystyle\int\frac{1}{x^2\cdot\sqrt{x^2+a^2}}\mathrm{d}x\ (a>0)$.

解　令 $x=a\tan t$，则 $\mathrm{d}x=a\sec^2 t\,\mathrm{d}t$，所以

$$原式=\int\frac{a\sec^2 t}{a^2\tan^2 t\cdot a\sec t}\mathrm{d}t=\frac{1}{a^2}\int\frac{\cos t}{\sin^2 t}\mathrm{d}t=\frac{1}{a^2}\int\frac{1}{\sin^2 t}\mathrm{d}(\sin t)$$

$$= -\frac{1}{a^2 \sin t} + c = -\frac{\sqrt{a^2 + x^2}}{a^2 x} + c.$$

（如图 4.2 所示，用三角法得 $\dfrac{1}{\sin t} = \dfrac{\sqrt{a^2 + x^2}}{x}$.）

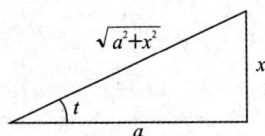

图 4.2

习题 4.3

求下列不定积分：

(1) $\displaystyle\int \frac{1}{1 + \sqrt{2x}} \mathrm{d}x$;

(2) $\displaystyle\int \frac{1}{\sqrt{x+1} + 2} \mathrm{d}x$;

(3) $\displaystyle\int \frac{\sqrt{x}}{1 + \sqrt{x}} \mathrm{d}x$;

(4) $\displaystyle\int \frac{e^{\sqrt[3]{x}}}{\sqrt{x}} \mathrm{d}x$;

(5) $\displaystyle\int \frac{\sqrt{1-x}}{x} \mathrm{d}x$;

(6) $\displaystyle\int \frac{1}{x\sqrt{x-1}} \mathrm{d}x$;

(7) $\displaystyle\int \frac{\mathrm{d}x}{\sqrt{x}(1 + \sqrt[3]{x})}$;

(8) $\displaystyle\int x\sqrt{4 - x^2}\, \mathrm{d}x$;

(9) $\displaystyle\int \frac{1}{x^2\sqrt{x^2 - 1}} \mathrm{d}x$;

(10) $\displaystyle\int \frac{1}{\sqrt{(x^2+1)^3}} \mathrm{d}x$;

(11) $\displaystyle\int \frac{1}{x^2\sqrt{4 - x^2}} \mathrm{d}x$;

(12) $\displaystyle\int \frac{1}{x\sqrt{4 - x^2}} \mathrm{d}x$.

4.4 分部积分法

本节介绍第四种求积分的基本方法 —— 分部积分法.

设函数 $u = u(x), v = v(x)$ 具有连续导数,根据微分的乘积公式有 $d(uv) = u\,dv + v\,du$,

移项得

$$u\,dv = d(uv) - v\,du,$$

两边积分得

$$\int u\,dv = uv - \int v\,du.$$

此式称为分部积分公式.分部积分公式的实质是将难以求积分的问题转化为易于求解积分的问题.

4.4.1 单一函数的积分

例1 求 $\int \ln x\,dx$.

解 设 $u = \ln x, dv = dx$,则 $du = \dfrac{1}{x}dx, v = x$.由分部积分公式可得

$$原式 = \ln x \cdot x - \int x \cdot \frac{1}{x}dx = \ln x \cdot x - x + c.$$

例2 求 $\int \operatorname{arccot} x\,dx$.

解 $原式 = \operatorname{arccot} x \cdot x - \int x \cdot \dfrac{-1}{1+x^2}dx$

$$= x\operatorname{arccot} x + \frac{1}{2}\int \frac{1}{1+x^2}d(1+x^2)$$

$$= x\operatorname{arccot} x + \frac{1}{2}\ln(1+x^2) + c.$$

4.4.2　两相乘函数的积分

例 3　求 $\int x\cos2x\,\mathrm{d}x$.

解　设 $u=x$, $\mathrm{d}v=\cos2x\,\mathrm{d}x=\mathrm{d}(\frac{1}{2}\sin2x)$, 则 $\mathrm{d}u=\mathrm{d}x$, $v=\frac{1}{2}\sin2x$. 所以由分部积分公式可得

$$\int x\cos2x\,\mathrm{d}x=\frac{1}{2}x\sin2x-\frac{1}{2}\int\sin2x\,\mathrm{d}x=\frac{1}{2}x\sin2x+\frac{1}{4}\cos2x+c.$$

例 4　求 $\int x\mathrm{e}^{-x}\,\mathrm{d}x$.

解　原式 $=\int x\mathrm{d}(-\mathrm{e}^{-x})=x(-\mathrm{e}^{-x})-\int-\mathrm{e}^{-x}\,\mathrm{d}x=-x\mathrm{e}^{-x}-\mathrm{e}^{-x}+c.$

例 5　求 $\int x^2\ln x\,\mathrm{d}x$.

解　原式 $=\int\ln x\,\mathrm{d}\left(\dfrac{x^3}{3}\right)=\dfrac{x^3}{3}\ln x-\dfrac{1}{3}\int x^3\cdot\dfrac{1}{x}\mathrm{d}x=\dfrac{x^3}{3}\ln x-\dfrac{x^3}{9}+c.$

例 6　求 $\int x\arcsin x\,\mathrm{d}x$.

解　原式 $=\int\arcsin x\,\mathrm{d}(\frac{1}{2}x^2)=\frac{1}{2}x^2\arcsin x-\int\dfrac{x^2}{2}\cdot\dfrac{1}{\sqrt{1-x^2}}\mathrm{d}x,$

令 $x=\sin t$, 则

$$-\int\dfrac{x^2}{2}\cdot\dfrac{1}{\sqrt{1-x^2}}\mathrm{d}x=-\dfrac{1}{2}\int\dfrac{\sin^2 t}{\cos t}\cdot\cos t\,\mathrm{d}t$$

$$=-\dfrac{1}{2}\int\dfrac{1-\cos2t}{2}\mathrm{d}t$$

$$=-\dfrac{1}{4}\left(t-\dfrac{\sin2t}{2}\right)+c$$

$$=-\dfrac{1}{4}\arcsin x+\dfrac{1}{4}x\cdot\sqrt{1-x^2}+c,$$

所以, 原式 $=\dfrac{1}{2}x^2\arcsin x-\dfrac{1}{4}\arcsin x+\dfrac{1}{4}x\cdot\sqrt{1-x^2}+c.$

4.4.3　多次应用公式

例 7　求 $\int x \ln^2 x \, dx$.

解　原式 $= \dfrac{1}{2} \int \ln^2 x \, d(x^2)$

$$= \frac{1}{2} x^2 \ln^2 x - \frac{1}{2} \int x^2 \cdot 2\ln x \cdot \frac{1}{x} dx$$

$$= \frac{1}{2} x^2 \ln^2 x - \int \ln x \, d\left(\frac{x^2}{2}\right)$$

$$= \frac{1}{2} x^2 \ln^2 x - \frac{1}{2} x^2 \ln x + \int \frac{x^2}{2} \cdot \frac{1}{x} dx$$

$$= \frac{1}{2} x^2 \ln^2 x - \frac{1}{2} x^2 \ln x + \frac{x^2}{4} + c.$$

例 8　求 $\int e^x \sin 2x \, dx$.

解 1　原式 $= \int \sin 2x \, d(e^x)$

$$= e^x \sin 2x - 2\int e^x \cos 2x \, dx$$

$$= e^x \sin 2x - 2\int \cos 2x \, d(e^x)$$

$$= e^x \sin 2x - 2\left[e^x \cos 2x - \int e^x (-2\sin 2x) dx \right]$$

$$= e^x \sin 2x - 2e^x \cos 2x - 4\int e^x \sin 2x \, dx,$$

移项,并除以 5 得,原式 $= \dfrac{1}{5}(e^x \sin 2x - 2e^x \cos 2x) + c$.

解 2　原式 $= -\dfrac{1}{2} \int e^x \, d(\cos 2x)$

$$= -\frac{1}{2} e^x \cos 2x + \frac{1}{2} \int e^x \cos 2x \, dx$$

$$= -\frac{1}{2} e^x \cos 2x + \frac{1}{4} \int e^x \, d(\sin 2x)$$

$$= -\frac{1}{2}e^x\cos 2x + \frac{1}{4}e^x\sin 2x - \frac{1}{4}\int e^x\sin 2x\,\mathrm{d}x,$$

移项,并除以 $\frac{4}{5}$ 得,原式 $= \frac{1}{5}(e^x\sin 2x - 2e^x\cos 2x) + c$.

注:应用分部积分公式求积分,关键是选取哪个函数作为 u.可按如下方法进行:

(1) 单一函数的积分 $\int f(x)\mathrm{d}x$:设 $u = f(x)$,$\mathrm{d}v = \mathrm{d}x$.

(2) 两相乘函数的积分 $\int f(x) \cdot g(x)\mathrm{d}x$:比较这两个函数的导函数,把求导变化快的函数设为 u.对于五大类函数而言,对数函数和反三角函数求导变化快,指数函数和三角函数求导变化慢.

(3) 多次应用公式:按第(2)方法选取 u,且多次应用公式所选取的 u 应一致.

4.4.4 复合函数的分部积分

例 9 求 $\int e^{\sqrt{x}}\,\mathrm{d}x$.

解 令 $\sqrt{x} = t$,则有

$$原式 = 2\int t\,e^t\,\mathrm{d}t = 2\int t\,\mathrm{d}(e^t) = 2t\,e^t - 2\int e^t\,\mathrm{d}t$$

$$= 2t\,e^t - 2e^t + c = 2\sqrt{x}\,e^{\sqrt{x}} - 2e^{\sqrt{x}} + c.$$

例 10 求 $\int \frac{\ln\ln x}{x}\mathrm{d}x$.

解 令 $\ln x = t$,则 $x = e^t$,$\mathrm{d}x = e^t\,\mathrm{d}t$,则有

$$原式 = \int \frac{\ln t}{e^t} \cdot e^t\,\mathrm{d}t$$

$$= \int \ln t\,\mathrm{d}t = t\ln t - t + c$$

$$= \ln x \cdot \ln\ln x - \ln x + c.$$

习题 4. 4

求下列不定积分：

(1)$\int \ln 2x \, dx$；

(2)$\int \arcsin x \, dx$；

(3)$\int (2x+3) e^x \, dx$；

(4)$\int x e^{-x} \, dx$；

(5)$\int x \sin 2x \, dx$；

(6)$\int (2x+1) \cos x \, dx$；

(7)$\int x^2 \ln x \, dx$；

(8)$\int e^{2x} \cos x \, dx$；

(9)$\int \cos \sqrt{x} \, dx$.

4.5 定积分的概念与性质

前面我们已经学习了一元函数的不定积分,从本节开始学习定积分及其应用.

4.5.1 定积分的一个实例 —— 曲边梯形的面积

设 $y=f(x)$ 是区间 $[a,b]$ 上的非负连续函数,由直线 $x=a$,$x=b$,$y=0$ 及曲线 $y=f(x)$ 所围成的图形(图 4.3)称为曲边梯形,求此曲边梯形的面积.

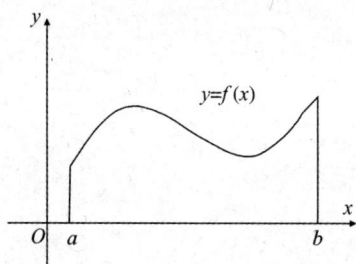

图 4.3

由于曲边梯形的高 $f(x)$ 在区间 $[a,b]$ 上是变化的,因此不能利用已有的平面面积公式计算.但当区间很小时,高 $f(x)$ 的变化也很小.因此,把区间 $[a,b]$ 分割成许多小区间(图 4.4),每个小区间所对应的小曲边梯形可近似地看成小矩形,所有小矩形面积之和可作为曲边梯形面积的近似值.因此,用如下的解决方法:

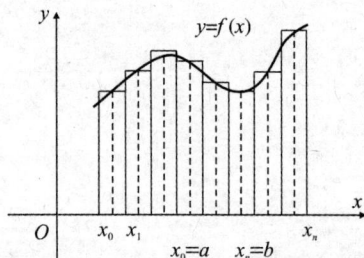

图 4.4

1. 分割

在区间$[a,b]$内插入 $n-1$ 个分点,使得

$$a = x_0 < x_1 < x_2 < x_3 < \cdots < x_{n-1} < x_n = b.$$

这些分点把区间$[a,b]$分成 n 个小区间$[x_{i-1},x_i](i=1,2,\cdots,n)$,各小区间$[x_{i-1},x_i]$的长度依次记为 $\Delta x_i = x_i - x_{i-1}(i=1,2,\cdots,n)$.过各个分点作垂直于 x 轴的直线,将整个曲边梯形分成 n 个小曲边梯形(如图 4.4),小曲边梯形的面积记为 $\Delta S_i(i=1,2,\cdots,n)$.

2. 近似

在每个小区间$[x_{i-1},x_i]$上任意取一点 $\xi_i(x_{i-1} \leqslant \xi_i \leqslant x_i)$,作以 $f(\xi_i)$ 为高,底边长为 Δx_i 的小矩形,则面积为 $f(\xi_i)\Delta x_i$,它可作为同底小曲边梯形面积的近似值,即

$$\Delta S_i \approx f(\xi_i)\Delta x_i(i=1,2,\cdots,n).$$

3. 求和

把 n 个小矩形的面积加起来,就得到整个曲边梯形面积 S 的近似值:

$$S \approx \sum_{i=1}^{n} \Delta S_i = \sum_{i=1}^{n} f(\xi_i)\Delta x_i.$$

4. 取极限

记 $\lambda = \max\{\Delta x_1, \Delta x_2, \cdots, \Delta x_n\}$,则当$\lambda \to 0$ 时,每个小区间$[x_{i-1},x_i]$的长度 Δx_i 也趋于零,此时和式 $\sum_{i=1}^{n} f(\xi_i)\Delta x_i$ 的极限便是所求曲边梯形面积 S 的精确值,即

$$S = \lim_{\lambda \to 0} \sum_{i=1}^{n} f(\xi_i)\Delta x_i.$$

4.5.2 定积分的定义

设函数 $y = f(x)$ 在区间$[a,b]$上有界,在$[a,b]$上插入若干个分点

$$a = x_0 < x_1 < x_2 < x_3 < \cdots < x_{n-1} < x_n = b,$$

将区间$[a,b]$分成 n 个小区间$[x_0,x_1],[x_1,x_2],\cdots,[x_{n-1},x_n]$,各小区间的长度依次记

为 $\Delta x_i = x_i - x_{i-1}(i = 1,2,\cdots,n)$,在每个小区间上任取一点 $\xi_i(x_{i-1} \leqslant \xi_i \leqslant x_i)$,作乘积 $f(\xi_i)\Delta x_i(i = 1,2,\cdots,n)$,并作出和式 $\sum\limits_{i=1}^{n} f(\xi_i)\Delta x_i$.记 $\lambda = \max\limits_{1 \leqslant i \leqslant n}\{\Delta x_i\}$,如果不论对区间 $[a,b]$ 怎样分法,也不论在小区间 $[x_{i-1},x_i]$ 上点 ξ_i 怎样取法,只要当 $\lambda \to 0$ 时,和式 $\sum\limits_{i=1}^{n} f(\xi_i)\Delta x_i$ 总趋于确定的值 S,则称 $f(x)$ 在 $[a,b]$ 上可积,称此极限值 S 为函数 $f(x)$ 在 $[a,b]$ 上的定积分,记作 $\int_a^b f(x)\mathrm{d}x$,即

$$\int_a^b f(x)\mathrm{d}x = \lim_{\lambda \to 0}\sum_{i=1}^{n} f(\xi_i)\Delta x_i.$$

其中 $f(x)$ 叫作被积函数,$f(x)\mathrm{d}x$ 叫作被积表达式,x 叫作积分变量,a 叫作积分下限,b 叫作积分上限,$[a,b]$ 叫作积分区间.

4.5.3 定积分的几何意义

定积分的几何意义是面积的代数和,即在 x 轴上方图形的面积减去在 x 轴下方图形的面积.如对图 4.5 所示,$\int_a^b f(x)\mathrm{d}x = -A_1 + A_2 - A_3$.

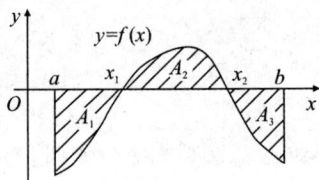

图 4.5

注:(1)定积分与被积函数 $f(x)$ 及积分上、下限有关,定积分与积分区间的分法和积分变量无关,即 $\int_a^b f(x)\mathrm{d}x = \int_a^b f(t)\mathrm{d}t = \int_a^b f(u)\mathrm{d}u$.

(2)两个规定:① $\int_a^a f(x)\mathrm{d}x = 0$;② $\int_a^b f(x)\mathrm{d}x = -\int_b^a f(x)\mathrm{d}x$.

4.5.4 定积分的性质

性质 1 函数的和(或差)的定积分等于它们的定积分的和(或差),即

$$\int_a^b [f(x) \pm g(x)] \mathrm{d}x = \int_a^b f(x) \mathrm{d}x \pm \int_a^b g(x) \mathrm{d}x.$$

性质 2 被积函数的常数因子可提到积分号外面,即

$$\int_a^b k f(x) \mathrm{d}x = k \int_a^b f(x) \mathrm{d}x (k \text{ 为常数}).$$

性质 3 设 $c \in \mathbf{R}$,则 $\int_a^b f(x) \mathrm{d}x = \int_a^c f(x) + \int_c^b f(x) \mathrm{d}x.$

性质 3 可用于求绝对值函数和分段函数的定积分.

例 1 已知 $f(x) = |x|$,求 $\int_{-1}^2 f(x) \mathrm{d}x.$

解 函数 $|x| = \begin{cases} -x & x < 0 \\ x & x \geqslant 0 \end{cases}$,由性质 3,得 $\int_{-1}^2 f(x) \mathrm{d}x = \int_{-1}^0 -x \mathrm{d}x + \int_0^2 x \mathrm{d}x.$

利用定积分的几何意义可分别求出(平面三角形的面积)

$$\int_{-1}^0 -x \mathrm{d}x = \frac{1}{2} \times 1 \times 1 = \frac{1}{2}, \int_0^2 x \mathrm{d}x = \frac{1}{2} \times 2 \times 2 = 2,$$

所以 $\int_{-1}^2 f(x) \mathrm{d}x = \frac{1}{2} + 2 = \frac{5}{2}.$

性质 4 $\int_a^b \mathrm{d}x = b - a.$

性质 5 若在 $[a,b]$ 上有 $f(x) \leqslant g(x)$,则 $\int_a^b f(x) \mathrm{d}x \leqslant \int_a^b g(x) \mathrm{d}x.$

例 2 比较定积分 $\int_1^2 x^2 \mathrm{d}x$ 与 $\int_1^2 x^3 \mathrm{d}x$ 的大小.

解 在区间 $[1,2]$ 上,$x^2 \leqslant x^3$,由性质 5 得 $\int_1^2 x^2 \mathrm{d}x \leqslant \int_1^2 x^3 \mathrm{d}x.$

性质 6 若在区间 $[a,b]$ 上有 $m \leqslant f(x) \leqslant M$,则

$$m(b-a) \leqslant \int_a^b f(x) \mathrm{d}x \leqslant M(b-a).$$

性质 7 (积分中值定理)设函数 $f(x)$ 在 $[a,b]$ 上连续,则至少存在一点 $\xi \in [a,b]$,使得 $\int_a^b f(x) \mathrm{d}x = f(\xi)(b-a).$

4.5.5 牛顿-莱布尼茨公式(N-L 公式)

设在区间 $[a,b]$ 上,函数 $F(x)$ 是连续函数 $f(x)$ 的一个原函数,则

$$\int_a^b f(x)\mathrm{d}x = F(x)\big|_a^b = F(b) - F(a).$$

上式称为牛顿-莱布尼茨公式,也称为微积分基本公式.

N-L 公式是衔接不定积分和定积分的一座桥梁,它把求定积分的问题转化为求一个原函数的问题,从而为定积分计算找到一条简捷的途径,它是积分学最重要的公式.

例3 计算 $\int_0^1 x \mathrm{d}x$.

解 因为 $(\dfrac{x^2}{2})' = x$,所以 $\int_0^1 x \mathrm{d}x = \dfrac{x^2}{2}\bigg|_0^1 = \dfrac{1^2}{2} - \dfrac{0^2}{2} = \dfrac{1}{2}$.

例4 求 $\int_{-1}^{\sqrt{3}} \dfrac{1}{1+x^2}\mathrm{d}x$.

解 因为 $(\arctan x)' = \dfrac{1}{1+x^2}$,所以

原式 $= \arctan x \bigg|_{-1}^{\sqrt{3}} = \arctan\sqrt{3} - \arctan(-1)$

$= \dfrac{\pi}{3} - (-\dfrac{\pi}{4}) = \dfrac{7}{12}\pi.$

例5 求 $\int_{-1}^{2} |x| \mathrm{d}x$.

解 原式 $= \int_{-1}^{0}(-x)\mathrm{d}x + \int_0^2 x\mathrm{d}x = -\dfrac{x^2}{2}\bigg|_{-1}^{0} + \dfrac{x^2}{2}\bigg|_0^2 = \dfrac{5}{2}$.

注:如果函数 $f(x)$ 不满足可积条件,则牛顿-莱布尼茨公式是不能使用的.

例如,$\int_{-1}^{1} \dfrac{1}{x^2}\mathrm{d}x = \left[-\dfrac{1}{x}\right]_{-1}^{1} = -2.$

上面做法是错误的,因为在区间 $[-1,1]$ 上,$x=0$ 是函数 $f(x) = \dfrac{1}{x^2}$ 的间断点,故在该区间上不能使用牛顿-莱布尼茨公式.

习题 4.5

一、选择题

1. 定积分 $\int_0^2 \sqrt{x^2 - 2x + 1}\, \mathrm{d}x = ($　　$)$.

A. -1　　　　　　B. 0　　　　　　C. 1　　　　　　D. 2

2. 设 $f(x) = \begin{cases} 1 & 0 \leqslant x < 1 \\ 2 & 1 \leqslant x \leqslant 2 \end{cases}$，当 $x \in [1,2]$ 时，$\varphi(x) = \int_0^x f(t)\,\mathrm{d}t = ($　　$)$.

A. $2x$　　　　　　B. $1 + 2x^2$　　　　C. $2x + 1$　　　　D. $2x - 1$

3. $\mathrm{d}\left(\int_a^b \cos x^2\, \mathrm{d}x \right) = ($　　$)$（其中 a, b 为常数）.

A. $\sin x^2 \mathrm{d}x$　　　　B. $\cos x^2 \mathrm{d}x$　　　C. 0　　　　　D. $2x\cos x^2 \mathrm{d}x$

二、填空题

1. 定积分 $\int_{-2}^4 |x|\,\mathrm{d}x = $ _____.

2. $\int_0^3 |1 - x|\,\mathrm{d}x = $ _____.

3. $\int_0^{2\pi} |\sin x|\,\mathrm{d}x = $ _____.

4. 定积分 $\int_0^\pi \sqrt{1 + \cos 2x}\,\mathrm{d}x = $ _____.

5. 已知 $f(x) = \begin{cases} x^2 & x > 0 \\ x & x \leqslant 0 \end{cases}$，则 $\int_{-1}^1 f(x)\,\mathrm{d}x = $ _____.

6. 设 $f(x) = \begin{cases} x & 0 \leqslant x \leqslant 1 \\ x^2 + 1 & 1 < x \leqslant 2 \end{cases}$，则 $\int_0^2 f(x)\,\mathrm{d}x = $ _____.

7. 已知 $f'(x) = 2x$，且 $f(0) = 1$，则 $\int_0^1 \dfrac{x}{f(x)}\,\mathrm{d}x = $ _____.

三、利用定积分的几何意义说明下列等式成立.

1. $\int_1^3 (1 + 2x)\,\mathrm{d}x = 10$；　　　　　　2. $\int_{-1}^2 |x|\,\mathrm{d}x = \dfrac{5}{2}$；

3. $\int_0^{2\pi} \cos x \, dx = 0$；

4. $\int_0^a \sqrt{a^2 - x^2} \, dx = \dfrac{\pi}{4} a^2 (a > 0)$.

四、不计算定积分的值,比较下列各题中两定积分值的大小.

1. $\int_2^3 x^2 \, dx$ 与 $\int_2^3 x^3 \, dx$；

2. $\int_0^1 x \, dx$ 与 $\int_0^1 \ln(1+x) \, dx$；

3. $\int_0^{\frac{\pi}{4}} \cos x \, dx$ 与 $\int_0^{\frac{\pi}{4}} \sin x \, dx$；

4. $\int_0^1 e^x \, dx$ 与 $\int_0^1 (1+x) \, dx$.

五、求下列定积分.

1. $\int_1^3 (x^3 + x^2 + 1) \, dx$；

2. $\int_0^2 e^{\frac{x}{2}} \, dx$；

3. $\int_{-\frac{1}{2}}^{\frac{1}{2}} \dfrac{1}{\sqrt{1-x^2}} \, dx$；

4. $\int_1^3 \left(x + \dfrac{1}{x} \right)^2 \, dx$；

5. $\int_0^{2\pi} |\sin x| \, dx$.

六、设 $f(x) = 6x^2 - 2x \int_0^1 f(x) \, dx$,求 $f(x)$.

4.6　定积分的计算

定积分与不定积分的基本积分方法相同,积分计算公式也一样,只要求出被积函数的一个原函数,利用牛顿-莱布尼茨公式即可计算出定积分的值.

4.6.1　定积分的凑微分法

例 1　求 $\int_0^{\frac{\pi}{2}} \sin3x\,\mathrm{d}x$.

解　原式 $= \dfrac{1}{3}\int_0^{\frac{\pi}{2}} \sin3x\,\mathrm{d}(3x) = -\dfrac{1}{3}\cos3x\Big|_0^{\frac{\pi}{2}} = -\dfrac{1}{3}(0-1) = \dfrac{1}{3}$.

例 2　求 $\int_0^{\sqrt{3}} \dfrac{1}{\sqrt{4-x^2}}\,\mathrm{d}x$.

解　原式 $= \dfrac{1}{2}\int_0^{\sqrt{3}} \dfrac{1}{\sqrt{1-\dfrac{x^2}{4}}}\,\mathrm{d}x = \int_0^{\sqrt{3}} \dfrac{1}{\sqrt{1-\left(\dfrac{x}{2}\right)^2}}\,\mathrm{d}\left(\dfrac{x}{2}\right)$

$\qquad = \arcsin\dfrac{x}{2}\Big|_0^{\sqrt{3}} = \dfrac{\pi}{3}$.

例 3　求 $\int_0^{\sqrt{3}} \dfrac{x}{\sqrt{4-x^2}}\,\mathrm{d}x$.

解　原式 $= -\dfrac{1}{2}\int_0^{\sqrt{3}} \dfrac{1}{\sqrt{4-x^2}}\,\mathrm{d}(4-x^2) = -\sqrt{4-x^2}\,\Big|_0^{\sqrt{3}}$

$\qquad = -(1-2) = 1$.

4.6.2　定积分的换元法

设 $f(x)$ 在区间 $[a,b]$ 上连续,令 $x=\varphi(t),a=\varphi(\alpha),b=\varphi(\beta)$,则

$$\int_a^b f(x)\mathrm{d}x = \int_\alpha^\beta f[\varphi(t)] \cdot \varphi'(t)\mathrm{d}t = F(t)\Big|_\alpha^\beta = F(\beta) - F(\alpha).$$

这种求定积分的方法称为定积分的换元法.

例 4 $\int_0^4 \dfrac{\sqrt{x}}{\sqrt{x}+1}\mathrm{d}x.$

解 令 $\sqrt{x}=t$，则 $x=t^2$，$\mathrm{d}x=2t\mathrm{d}t$. 当 $x=4$ 时，$t=2$；当 $x=0$ 时，$t=0$. 所以

$$\text{原式}=\int_0^2 \frac{t}{t+1}\cdot 2t\mathrm{d}t=2\int_0^2 \frac{t^2+t-t-1+1}{t+1}\mathrm{d}t$$

$$=2\int_0^2 (t-1+\frac{1}{t+1})\mathrm{d}t$$

$$=\left[t^2-2t+2\ln(t+1)\right]\Big|_0^2=2\ln 3.$$

例 5 求 $\int_0^{\sqrt{3}} \dfrac{x^2}{\sqrt{4-x^2}}\mathrm{d}x.$

解 令 $x=2\sin t$，则

$$\text{原式}=\int_0^{\frac{\pi}{3}} \frac{4\sin^2 t}{2\cos t}\cdot 2\cos t\,\mathrm{d}t=4\int_0^{\frac{\pi}{3}} \frac{1-\cos 2t}{2}\mathrm{d}t$$

$$=2\left(t-\frac{1}{2}\sin 2t\right)\Big|_0^{\frac{\pi}{3}}=\frac{2\pi}{3}-\frac{\sqrt{3}}{2}.$$

注：定积分换元：(1) 换上、下限；(2) 不加 c；(3) 不回代.

4.6.3　定积分的分部积分法

定积分的分部积分公式：$\int_a^b u\,\mathrm{d}v=(uv)\Big|_a^b-\int_a^b v\,\mathrm{d}u.$

例 6 求 $\int_0^{\frac{1}{2}} \arccos x\,\mathrm{d}x.$

解 原式 $=x\arccos x\Big|_0^{\frac{1}{2}}-\int_0^{\frac{1}{2}} x\cdot \dfrac{-1}{\sqrt{1-x^2}}\mathrm{d}x$

$$=\frac{\pi}{6}-\frac{1}{2}\int_0^{\frac{1}{2}} \frac{1}{\sqrt{1-x^2}}\mathrm{d}(1-x^2)$$

$$=\frac{\pi}{6}-\sqrt{1-x^2}\,\Big|_0^{\frac{1}{2}}$$

$$=\frac{\pi}{6}-\frac{\sqrt{3}}{2}+1.$$

例 7　求 $\displaystyle\int_0^{\frac{\pi}{2}} x\sin x\,\mathrm{d}x$.

解　原式 $=-\displaystyle\int_0^{\frac{\pi}{2}} x\,\mathrm{d}(\cos x)=-x\cos x\,\Big|_0^{\frac{\pi}{2}}+\int_0^{\frac{\pi}{2}}\cos x\,\mathrm{d}x=\sin x\,\Big|_0^{\frac{\pi}{2}}=1$.

例 8　求 $\displaystyle\int_1^{\mathrm{e}^{\frac{\pi}{2}}}\cos(\ln x)\,\mathrm{d}x$.

解　令 $t=\ln x$，则 $x=\mathrm{e}^t$，$\mathrm{d}x=\mathrm{e}^t\,\mathrm{d}t$，所以

$$\text{原式}=\int_0^{\frac{\pi}{2}}\mathrm{e}^t\cos t\,\mathrm{d}t=\int_0^{\frac{\pi}{2}}\cos t\,\mathrm{d}(\mathrm{e}^t)=\mathrm{e}^t\cos t\,\Big|_0^{\frac{\pi}{2}}-\int_0^{\frac{\pi}{2}}\mathrm{e}^t(-\sin t)\,\mathrm{d}t$$

$$=-1+\int_0^{\frac{\pi}{2}}\sin t\,\mathrm{d}(\mathrm{e}^t)=-1+\mathrm{e}^t\sin t\,\Big|_0^{\frac{\pi}{2}}-\int_0^{\frac{\pi}{2}}\mathrm{e}^t\cos t\,\mathrm{d}t$$

$$=-1+\mathrm{e}^{\frac{\pi}{2}}-\int_0^{\frac{\pi}{2}}\mathrm{e}^t\cos t\,\mathrm{d}t,$$

移项后得，原式 $=\dfrac{\mathrm{e}^{\frac{\pi}{2}}-1}{2}$.

4.6.4　定积分的公式

设函数 $f(x)$ 在 $[-a,a]$ 上连续，则 $\displaystyle\int_{-a}^{a} f(x)\,\mathrm{d}x=\begin{cases}0 & f(x)\text{ 是奇函数}\\[2mm]2\displaystyle\int_0^a f(x)\,\mathrm{d}x & f(x)\text{ 是偶函数}\end{cases}$

证　由定积分的性质 3 得 $\displaystyle\int_{-a}^{a} f(x)\,\mathrm{d}x=\int_{-a}^{0} f(x)\,\mathrm{d}x+\int_0^a f(x)\,\mathrm{d}x$，

令 $x=-t$，则 $\displaystyle\int_{-a}^{0} f(x)\,\mathrm{d}x=-\int_a^0 f(-t)\,\mathrm{d}t=\int_0^a f(-t)\,\mathrm{d}t=\int_0^a f(-x)\,\mathrm{d}x$.

于是，$\displaystyle\int_{-a}^{a} f(x)\,\mathrm{d}x=\int_0^a f(-x)\,\mathrm{d}x+\int_0^a f(x)\,\mathrm{d}x=\int_0^a [f(-x)+f(x)]\,\mathrm{d}x$.

(1) 当 $f(x)$ 为奇函数时，有 $f(-x)=-f(x)$，即 $f(x)+f(-x)=0$，所以，

$$\int_{-a}^{a} f(x)\,\mathrm{d}x=0.$$

(2) 当 $f(x)$ 为偶函数时，有 $f(-x)=f(x)$，即 $f(x)+f(-x)=2f(x)$，所以，

$$\int_{-a}^{a} f(x)\mathrm{d}x = 2\int_{0}^{a} f(x)\mathrm{d}x.$$

奇函数在对称区间上的定积分等于零这一性质,可用来简化连续的奇函数在对称区间上定积分的计算.

例 9　求 $\displaystyle\int_{-\frac{\pi}{2}}^{\frac{\pi}{2}} \sin^3 x\,\mathrm{d}x$.

解　因为函数 $f(x) = \sin^3 x$ 在 $\left[-\dfrac{\pi}{2}, \dfrac{\pi}{2}\right]$ 上是奇函数,所以 $\displaystyle\int_{-\frac{\pi}{2}}^{\frac{\pi}{2}} \sin^3 x\,\mathrm{d}x = 0$.

例 10　求 $\displaystyle\int_{-1}^{1} \dfrac{1 - x\,(\arcsin x)^2 + \mathrm{e}^{x^2}}{1 + \mathrm{e}^{x^2}}\,\mathrm{d}x$.

解　因为函数 $x\,(\arcsin x)^2$ 和 $1 + \mathrm{e}^{x^2}$ 在 $[-1,1]$ 上分别是奇函数和偶函数,所以,原式 $= \displaystyle\int_{-1}^{1} \mathrm{d}x = 2$.

例 11　求 $\displaystyle\int_{-1}^{1} \dfrac{(x + |\,x\,|)^2}{1 + x^2}\,\mathrm{d}x$.

解　原式 $= \displaystyle\int_{-1}^{1} \dfrac{x^2 + 2x\,|\,x\,| + |\,x\,|^2}{1 + x^2}\,\mathrm{d}x = 4\int_{0}^{1} \dfrac{x^2}{1 + x^2}\,\mathrm{d}x$

$$= 4\int_{0}^{1} \left(1 - \frac{1}{1 + x^2}\right)\mathrm{d}x$$

$$= 4(x - \arctan x)\,\Big|_{0}^{1}$$

$$= 4 - \pi.$$

4.6.5　广义积分

若定积分的上、下限至少有一个是无穷大,称此定积分为广义积分.通常有三种形式:

$(1)\ \displaystyle\int_{a}^{+\infty} f(x)\mathrm{d}x = \lim_{b \to +\infty} \int_{a}^{b} f(x)\mathrm{d}x$;

$(2)\ \displaystyle\int_{-\infty}^{b} f(x)\mathrm{d}x = \lim_{a \to -\infty} \int_{a}^{b} f(x)\mathrm{d}x$;

$(3)\ \displaystyle\int_{-\infty}^{+\infty} f(x)\mathrm{d}x = \int_{-\infty}^{c} f(x)\mathrm{d}x + \int_{c}^{+\infty} f(x)\mathrm{d}x = \lim_{a \to -\infty} \int_{a}^{c} f(x)\mathrm{d}x + \lim_{b \to +\infty} \int_{c}^{b} f(x)\mathrm{d}x$.

例 12　求 $\displaystyle\int_0^{+\infty} x\,\mathrm{e}^{-x^2}\,\mathrm{d}x$.

解　原式 $=\displaystyle\lim_{b\to+\infty}\int_0^b x\,\mathrm{e}^{-x^2}\,\mathrm{d}x=-\frac{1}{2}\lim_{b\to+\infty}\int_0^b \mathrm{e}^{-x^2}\,\mathrm{d}(-x^2)$

$$=-\frac{1}{2}\lim_{b\to+\infty}\mathrm{e}^{-x^2}\Big|_0^b$$

$$=-\frac{1}{2}\lim_{b\to+\infty}(\mathrm{e}^{-b^2}-1)=\frac{1}{2}.$$

另解　原式 $=-\dfrac{1}{2}\displaystyle\int_0^{+\infty}\mathrm{e}^{-x^2}\,\mathrm{d}(-x^2)=-\dfrac{1}{2}\mathrm{e}^{-x^2}\Big|_0^{+\infty}=\dfrac{1}{2}.$

例 13　求 $\displaystyle\int_{-\infty}^0 x\,\mathrm{e}^x\,\mathrm{d}x$.

解　原式 $=\displaystyle\int_{-\infty}^0 x\,\mathrm{d}(\mathrm{e}^x)=x\,\mathrm{e}^x\Big|_{-\infty}^0-\int_{-\infty}^0 \mathrm{e}^x\,\mathrm{d}x=-\mathrm{e}^x\Big|_{-\infty}^0=-1,$

其中，$\displaystyle\lim_{x\to-\infty}x\,\mathrm{e}^x=\lim_{x\to-\infty}\frac{x}{\mathrm{e}^{-x}}=\lim_{x\to-\infty}\frac{1}{-\mathrm{e}^{-x}}=0.$

例 14　求 $\displaystyle\int_{-\infty}^{+\infty}\frac{1}{1+x^2}\,\mathrm{d}x$.

解　原式 $=\arctan x\Big|_{-\infty}^{+\infty}=\dfrac{\pi}{2}-\left(-\dfrac{\pi}{2}\right)=\pi.$

习题 4.6

一、选择题

1. 下列积分值为零的是（　　）.

A. $\displaystyle\int_{-1}^1 x^2\,\mathrm{e}^x\,\mathrm{d}x$
　　　　　　B. $\displaystyle\int_{-1}^1 |x|\cos^3 x\,\mathrm{d}x$

C. $\displaystyle\int_{-1}^1 x^3\tan^2 x\,\mathrm{d}x$
　　　　　　D. $\displaystyle\int_{-1}^1 \frac{\arcsin x}{x}\,\mathrm{d}x$

2. 下列积分值为零的是（　　）.

A. $\displaystyle\int_{-1}^1 x^2\cos x\,\mathrm{d}x$
　　　　　　B. $\displaystyle\int_{-1}^1 \mathrm{e}^x\sin x\,\mathrm{d}x$

C. $\int_{-1}^{1} \ln(x^2+1)\tan^2 x \, dx$　　　　　　　　D. $\int_{-1}^{1} \arcsin x \cdot e^{x^2} dx$

3. 积分 $\int_{-\pi}^{\pi} \sin x \cos x \, dx = ($　　$)$.

A. -1　　　　　　B. 0　　　　　　C. 1　　　　　　D. 2

4. 定积分 $\int_{-1}^{1} (\sin^3 x + 3) dx = ($　　$)$.

A. 0　　　　　　B. 6　　　　　　C. -6　　　　　　D. 3

5. 广义积分 $\int_{0}^{+\infty} x e^{-x^2} dx = ($　　$)$.

A. 0　　　　　B. $\dfrac{1}{2}$　　　　　C. $-\dfrac{1}{2}$　　　　　D. 不存在

6. 下列广义积分发散的是($\quad$).

A. $\int_{0}^{+\infty} \dfrac{1}{1+x^2} dx$　　B. $\int_{0}^{1} \dfrac{1}{\sqrt{1-x^2}} dx$　　C. $\int_{0}^{+\infty} e^{-x} dx$　　D. $\int_{e}^{+\infty} \dfrac{\ln x}{x} dx$

7. 下列积分收敛的是($\quad$).

A. $\int_{0}^{1} \dfrac{1}{x} dx$　　　　B. $\int_{0}^{1} \dfrac{1}{\sqrt{x}} dx$　　　　C. $\int_{0}^{1} \dfrac{1}{x^2} dx$　　　　D. $\int_{0}^{1} \dfrac{\ln x}{x} dx$

8. 广义积分 $\int_{-\infty}^{+\infty} \dfrac{e^x}{1+e^{2x}} dx = ($　　$)$.

A. π　　　　　　B. $\dfrac{\pi}{2}$　　　　　　C. $\dfrac{\pi}{4}$　　　　　　D. 0

二、填空题

1. $\int_{-2}^{2} \dfrac{x+|x|}{2+x^2} dx = \underline{\hspace{3cm}}$.

2. $\int_{-1}^{1} (2\sin x^5 + 3) dx = \underline{\hspace{3cm}}$.

3. $\int_{-\frac{\pi}{2}}^{\frac{\pi}{2}} \left(\dfrac{\sin x}{1+x^2} + \cos^3 x \right) dx = \underline{\hspace{3cm}}$.

4. $\int_{-1}^{1} \dfrac{x\cos x}{1+\sin^2 x} dx = \underline{\hspace{3cm}}$.

5. $\int_{-1}^{1} (x^2 \sin^3 x + x^3 \cos x + 1) \mathrm{d}x = $ _____ .

6. $\int_{-1}^{1} x \cos x \, \mathrm{d}x = $ _____ .

7. $\int_{-\infty}^{1} \mathrm{e}^x \, \mathrm{d}x = $ _____ .

8. 广义积分 $\int_{0}^{+\infty} \dfrac{1}{1+x^2} \mathrm{d}x = $ _____ .

三、求下列积分

1. $\int_{0}^{1} (2x+1)^3 \mathrm{d}x$;

2. $\int_{0}^{\frac{\pi}{2}} \cos^5 x \sin x \, \mathrm{d}x$;

3. $\int_{0}^{\sqrt{2}} x \, \mathrm{e}^{\frac{x^2}{2}} \mathrm{d}x$;

4. $\int_{0}^{1} x \sqrt{1-x^2} \, \mathrm{d}x$;

5. $\int_{1}^{e} \dfrac{1+\ln x}{x} \mathrm{d}x$;

6. $\int_{1}^{\sqrt{3}} \dfrac{x}{\sqrt{1+x^2}} \mathrm{d}x$;

7. $\int_{0}^{\frac{1}{2}} \dfrac{1+x}{\sqrt{1-x^2}} \mathrm{d}x$;

8. $\int_{0}^{1} \dfrac{1}{1+\mathrm{e}^x} \mathrm{d}x$;

9. $\int_{0}^{1} \dfrac{1}{\mathrm{e}^{-x}+\mathrm{e}^x} \mathrm{d}x$;

10. $\int_{0}^{1} \dfrac{1}{1+\sqrt{x}} \mathrm{d}x$;

11. $\int_{0}^{2} \dfrac{1}{\sqrt{x+1}+\sqrt{(x+1)^3}} \mathrm{d}x$;

12. $\int_{0}^{4} \dfrac{1}{1+\sqrt{4-x}} \mathrm{d}x$;

13. $\int_{0}^{8} \dfrac{1}{1+\sqrt[3]{x}} \mathrm{d}x$;

14. $\int_{1}^{5} \dfrac{\sqrt{x-1}}{x} \mathrm{d}x$;

15. $\int_{-1}^{1} \arccos x \, \mathrm{d}x$;

16. $\int_{0}^{1} x \, \mathrm{e}^x \, \mathrm{d}x$;

17. $\int_{0}^{\frac{\pi}{2}} x \cos 3x \, \mathrm{d}x$;

18. $\int_{1}^{e} x \ln x \, \mathrm{d}x$;

19. $\int_{0}^{\pi^2} \cos \sqrt{x} \, \mathrm{d}x$;

20. $\int_{1}^{+\infty} \dfrac{1}{x^2} \mathrm{d}x$;

21. $\int_{0}^{1} \dfrac{1}{\sqrt{x}} \mathrm{d}x$.

4.7 定积分在几何方面的应用

前面我们已讨论了定积分的概念和计算方法,在此基础上我们进一步来研究它的应用.本节主要介绍定积分在几何上的一些应用,重点是求实际问题的面积和体积.

4.7.1 平面图形的面积

(1)由直线 $x=a$,$x=b$,$y=0$,$y=f(x)\geqslant 0$ 所围成平面图形的面积,由定积分的定义得 $S=\int_a^b f(x)\mathrm{d}x$.

(2)由直线 $x=a$,$x=b$,$y=0$,$y=f(x)<0$ 所围成平面图形的面积,由定积分的定义得 $S=-\int_a^b f(x)\mathrm{d}x$.

(3)由直线 $x=a$,$x=b$,$y=f_1(x)\geqslant 0$,$y=f_2(x)\geqslant 0$,且 $f_1(x)\geqslant f_2(x)$ 所围成平面图形的面积(图 4.6),由定积分的定义得

$$S=\int_a^b f_1(x)\mathrm{d}x-\int_a^b f_2(x)\mathrm{d}x=\int_a^b [f_1(x)-f_2(x)]\mathrm{d}x.$$

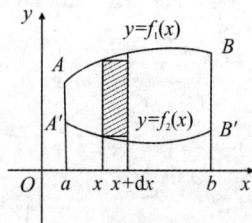

图 4.6

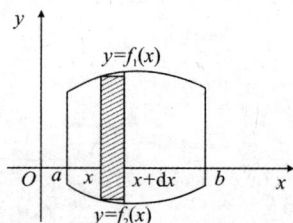

图 4.7

(4)由直线 $x=a$,$x=b$,$y=f_1(x)\geqslant 0$,$y=f_2(x)\leqslant 0$ 所围成平面图形的面积(图 4.7),由定积分的定义得

$$S=\int_a^b f_1(x)\mathrm{d}x+\left[-\int_a^b f_2(x)\mathrm{d}x\right]=\int_a^b [f_1(x)-f_2(x)]\mathrm{d}x.$$

（5）由直线 $x=a$ ，$x=b$ ，$y=f_1(x)\leqslant 0$ ，$y=f_2(x)\leqslant 0$ ，且 $f_1(x)\geqslant f_2(x)$ 所围成平面图形的面积，由定积分的定义得

$$S=-\int_a^b f_2(x)\mathrm{d}x-\left[-\int_a^b f_1(x)\mathrm{d}x\right]=\int_a^b\left[f_1(x)-f_2(x)\right]\mathrm{d}x.$$

综上所述，由直线 $x=a$ ，$x=b$ ，上曲线 $y=f_1(x)$ ，下曲线 $y=f_2(x)$ ，且 $f_1(x)\geqslant f_2(x)$ ，所围成平面图形的面积

$$S=\int_a^b\left[f_1(x)-f_2(x)\right]\mathrm{d}x=\int_a^b(上-下)\mathrm{d}x. \qquad (4.7.1)$$

同理，由直线 $y=c$ ，$y=d$ ，右曲线 $x=g_1(y)$ ，左曲线 $x=g_2(y)$ ，且 $g_1(y)\geqslant g_2(y)$ （图 4.8），所围成平面图形的面积为

$$S=\int_c^d\left[g_1(y)-g_2(y)\right]\mathrm{d}y=\int_c^d(右-左)\mathrm{d}y. \qquad (4.7.2)$$

求面积步骤：（1）画出草图；（2）求出交点；（3）列出积分式子并求之.

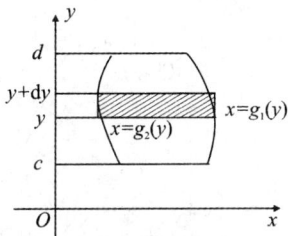

图 4.8

例 1 求由两条抛物线 $y^2=x$ 和 $y=x^2$ 所围平面图形的面积.

解 1 如图 4.9 所示，由 $\begin{cases}y^2=x\\y=x^2\end{cases}$ 得交点 $(0,0)$ 和 $(1,1)$ ，由公式（4.7.1）得所求

面积为 $S=\int_0^1(\sqrt{x}-x^2)\mathrm{d}x=\left(\dfrac{2}{3}x^{\frac{3}{2}}-\dfrac{1}{3}x^3\right)\Big|_0^1=\dfrac{1}{3}.$

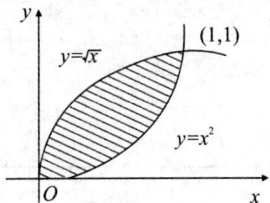

图 4.9

解 2　如解 1,由公式(4.7.2)得所求面积 $S = \int_0^1 (\sqrt{y} - y^2)\mathrm{d}y = \frac{1}{3}$.

例 2　求由抛物线 $y^2 = 2x$ 与直线 $y = x - 4$ 所围平面图形的面积.

解 1　如图 4.10 所示,由 $\begin{cases} y^2 = 2x \\ y = x - 4 \end{cases}$,得交点 $\begin{cases} x = 2 \\ y = -2 \end{cases}$ 和 $\begin{cases} x = 8 \\ y = 4 \end{cases}$,所以

$$S = \int_{-2}^4 (y + 4 - \frac{1}{2}y^2)\mathrm{d}y = \left(\frac{y^2}{2} + 4y - \frac{y^3}{6}\right)\Big|_{-2}^4 = 18.$$

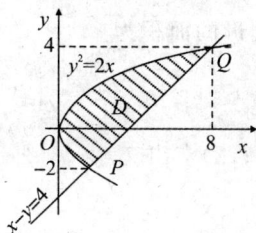

图 4.10

解 2　如解 1,所以

$$S = \int_0^2 [\sqrt{2x} - (-\sqrt{2x})]\mathrm{d}x + \int_2^8 [\sqrt{2x} - (x - 4)]\mathrm{d}x$$

$$= \frac{4\sqrt{2}}{3}x^{\frac{3}{2}}\Big|_0^2 + \left(\frac{2\sqrt{2}}{3}x^{\frac{3}{2}} - \frac{1}{2}x^2 + 4x\right)\Big|_2^8 = 18.$$

例 3　求由抛物线 $y^2 = 1 - x$,$y^2 = 1 - \frac{x}{2}$ 所围平面图形的面积.

解　如图 4.11 所示,由 $\begin{cases} y^2 = 1 - x \\ y^2 = 1 - \frac{x}{2} \end{cases}$ 得交点 $\begin{cases} x = 0 \\ y = \pm 1 \end{cases}$,所以,

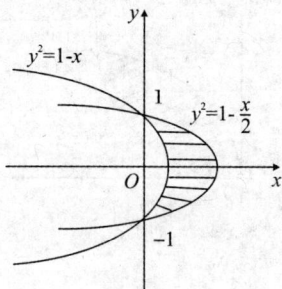

图 4.11

$$S = \int_{-1}^{1} \left[(2 - 2y^2) - (1 - y^2) \right] \mathrm{d}y = \int_{-1}^{1} (1 - y^2) \mathrm{d}y = \left(y - \frac{y^3}{3} \right) \Big|_{-1}^{1} = \frac{4}{3}.$$

注:在实际计算面积时,应选取合适的积分变量,可降低计算难度.

4.7.2　旋转体的体积

(1) 由直线 $x = a$, $x = b$, $y = 0$, $y = f(x) \geqslant 0$ 所围成的平面图形绕 x 轴旋转一周所得旋转体的体积,由定积分的定义得 $V_x = \pi \int_{a}^{b} \left[f(x) \right]^2 \mathrm{d}x$.

(2) 由直线 $x = a$, $x = b$,上曲线 $y = f(x) \geqslant 0$,下曲线 $y = g(x) \geqslant 0$,且 $f(x) \geqslant g(x)$,所围成的平面图形绕 x 轴旋转一周所得旋转体的体积,由定积分的定义得

$$V_x = \pi \int_{a}^{b} \{ \left[f(x) \right]^2 - \left[g(x) \right]^2 \} \mathrm{d}x = \pi \int_{a}^{b} (上^2 - 下^2) \mathrm{d}x. \qquad (4.7.3)$$

(3) 由直线 $y = c$, $y = d$, $x = 0$, $x = f^{-1}(y) \geqslant 0$ 所围成的平面图形绕 y 轴旋转一周所得的旋转体的体积,由定积分的定义得 $V_y = \pi \int_{c}^{d} \left[f^{-1}(y) \right]^2 \mathrm{d}y$.

(4) 由直线 $y = c$, $y = d$,右曲线 $x = g_1(y) \geqslant 0$,左曲线 $x = g_2(y) \geqslant 0$,且 $g_1(y) \geqslant g_2(y)$,所围成的平面图形绕 y 轴旋转一周所得的旋转体的体积,由定积分的定义得

$$V_y = \pi \int_{c}^{d} \{ \left[g_1(y) \right]^2 - \left[g_2(y) \right]^2 \} \mathrm{d}y = \pi \int_{c}^{d} (右^2 - 左^2) \mathrm{d}y. \qquad (4.7.4)$$

例 4　设有曲线 $y = \mathrm{e}^x$ 与直线 $y = 0$, $x = 0$, $x = 1$ 所围成的平面图形,求:

(1)平面图形的面积;(2)平面图形绕 x 轴旋转的体积;(3)平面图形绕 y 轴旋转的体积.

解　如图 4.12 所示,由 $\begin{cases} y = \mathrm{e}^x \\ x = 1 \end{cases}$ 得交点 $\begin{cases} x = 1 \\ y = \mathrm{e} \end{cases}$,所以

$(1) S = \int_{0}^{1} \mathrm{e}^x \mathrm{d}x = \mathrm{e}^x \Big|_{0}^{1} = \mathrm{e} - 1.$

另解　$S = \int_{0}^{1} \mathrm{d}y + \int_{1}^{e} (1 - \ln y) \mathrm{d}y = y \Big|_{0}^{1} + \left[y - (y \ln y - y) \right] \Big|_{1}^{e} = \mathrm{e} - 1.$

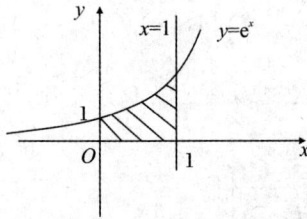

图 4.12

$(2)V_x = \pi \int_0^1 e^{2x} dx = \pi \dfrac{e^{2x}}{2} \Big|_0^1 = \dfrac{e^2-1}{2}\pi.$

$(3)V_y = \pi \int_0^1 dy + \pi \int_1^e (1-\ln^2 y) dy$

$= \pi y \Big|_0^1 + \pi y \Big|_1^e - \pi(y\ln^2 y \Big|_1^e - \int_1^e y \cdot 2\ln y \cdot \dfrac{1}{y} dy)$

$= 2\pi(y\ln y \Big|_1^e - \int_1^e y \cdot \dfrac{1}{y} dy) = 2\pi e - 2\pi y \Big|_1^e = 2\pi.$

例 5 设有抛物线 $y=\sqrt{x}$ 与直线 $y=2-x$ 所围的平面图形,求:

(1)平面图形的面积;(2)平面图形绕 x 轴旋转的体积;(3)平面图形绕 y 轴旋转的体积.

解 如图 4.13 所示,由 $\begin{cases} y=\sqrt{x} \\ y=2-x \end{cases}$ 得交点 $\begin{cases} x=1 \\ y=1 \end{cases}$ 和 $\begin{cases} x=4 \\ y=-2 \end{cases}$ (舍去),所以

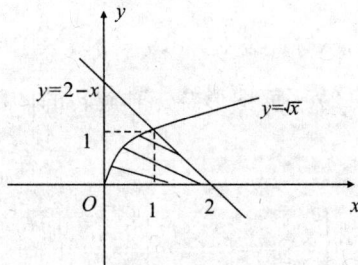

图 4.13

$(1)S = \int_0^1 (2-y-y^2) dy = \left(2y - \dfrac{y^2}{2} - \dfrac{y^3}{3}\right) \Big|_0^1 = \dfrac{7}{6}.$

另解 $S = \int_0^1 \sqrt{x} \, dx + \int_1^2 (2-x) \, dx = \frac{2}{3} x^{\frac{3}{2}} \Big|_0^1 + \left(2x - \frac{x^2}{2}\right) \Big|_1^2 = \frac{7}{6}.$

$(2) V_x = \pi \int_0^1 x \, dx + \pi \int_1^2 (2-x)^2 \, dx = \pi \frac{x^2}{2} \Big|_0^1 + \pi (4x - 2x^2 + \frac{x^3}{3}) \Big|_1^2 = \frac{5\pi}{6}.$

$(3) V_y = \pi \int_0^1 \left[(2-y)^2 - y^4 \right] dy = \pi \int_0^1 (4 - 4y + y^2 - y^4) \, dy$

$\qquad = \pi \left(4y - 2y^2 + \frac{y^3}{3} - \frac{y^5}{5}\right) \Big|_0^1 = \frac{32\pi}{15}.$

习题 4.7

1. 求由曲线 $y = 2x^2$，$y = x^2$，$y = 1$ 所围成平面图形的面积，并求此平面图形绕 y 轴旋转一周所得旋转体的体积.

2. 求由曲线 $y^2 = 4 - x$，$y^2 = 3x$ 所围成平面图形的面积，并求此平面图形绕 x 轴旋转一周所得旋转体的体积.

3. 求由曲线 $y = \frac{1}{x}$，$y = x$，$x = e$ 所围成平面图形的面积，并分别求此平面图形绕 x 轴和 y 轴旋转一周所得旋转体的体积.

4. 求由曲线 $y = \sin x$，$y = \cos x$ 与直线 $x = 0$，$x = \frac{\pi}{2}$ 所围成平面图形的面积，并求此平面图形绕 x 轴旋转一周所得旋转体的体积.

5. 求由曲线 $y = -\sqrt{x}$，$y = x - 2$ 和 $x = 0$ 所围成平面图形的面积，并分别求此平面图形绕 x 轴和 y 轴旋转一周所得旋转体的体积.

复习题(四)

一、选择题

1. 若 $F(x)$, $G(x)$ 都是函数 $f(x)$ 的原函数,则必有(　　).

A. $F(x) = G(x)$

B. $F(x) = cG(x)$

C. $F(x) = G(x) + c$

D. $F(x) = \dfrac{1}{c}G(x)$

2. 设 $f(x) = k\tan 2x$ 的一个原函数为 $\dfrac{2}{3}\ln\cos 2x$,则 k 等于(　　).

A. $-\dfrac{2}{3}$　　　　B. $\dfrac{3}{2}$　　　　C. $-\dfrac{4}{3}$　　　　D. $\dfrac{3}{4}$

3. 函数 $\cos 2x$ 的不定积分为(　　).

A. $\sin x\cos x + c$

B. $-\dfrac{1}{2}\sin 2x + c$

C. $2\sin 2x + c$

D. $\sin 2x + c$

4. 设 $f'(x)$ 存在且连续,则 $\left[\int \mathrm{d}f(x)\right]' = ($　　$)$.

A. $f(x)$

B. $f'(x)$

C. $f'(x) + c$

D. $f(x) + c$

5. 若 $\int f(x)\mathrm{d}x = x^3 + c$,则 $\int x^2 f(1-x^3)\mathrm{d}x = ($　　$)$.

A. $3(1-x^3)^3 + c$

B. $-3(1-x^3)^3 + c$

C. $\dfrac{1}{3}(1-x^3)^3 + c$

D. $-\dfrac{1}{3}(1-x^3)^3 + c$

6. 定积分 $\displaystyle\int_{-\pi}^{\pi} \dfrac{x\cos x}{1+x^2}\mathrm{d}x = ($　　$)$.

A. 2　　　　　　B. -1　　　　　　C. 0　　　　　　D. 1

7. 下列结果正确的是（ ）.

A. $\int_0^{\frac{\pi}{2}} \sin^2 x\,\mathrm{d}x < \int_0^{\frac{\pi}{2}} \sin^3 x\,\mathrm{d}x$ 　　　　　 B. $\int_e^4 \ln x\,\mathrm{d}x < \int_e^4 \ln^2 x\,\mathrm{d}x$

C. $\int_0^1 \mathrm{e}^x\,\mathrm{d}x < \int_0^1 \mathrm{e}^{x^2}\,\mathrm{d}x$ 　　　　　 D. $\int_{-\frac{\pi}{2}}^0 \cos^3 x\,\mathrm{d}x < \int_{-\frac{\pi}{2}}^0 \cos^4 x\,\mathrm{d}x$

8. $\dfrac{\mathrm{d}}{\mathrm{d}x} \int_a^b \arctan x\,\mathrm{d}x = ($ 　　 $)$.

A. $\arctan x$ 　　　　 B. $\dfrac{1}{1+x^2}$ 　　　　 C. $\arctan b - \arctan a$ 　　　　 D. 0

9. 若 $\int_0^1 \mathrm{e}^x f(\mathrm{e}^x)\,\mathrm{d}x = \int_a^b f(u)\,\mathrm{d}u$，则（ ）.

A. $a=0, b=1$ 　　　　　 B. $a=0, b=\mathrm{e}$

C. $a=1, b=10$ 　　　　　 D. $a=1, b=\mathrm{e}$

二、填空题

1. 设 $\mathrm{e}^x + \sin x$ 是 $f(x)$ 的一个原函数，则 $f'(x) = $ _____.

2. 一曲线经过点 $(1,0)$，且在其上任一点 x 处的切线斜率为 $2x$，则此曲线方程为 _____.

3. 设 $f(x)$ 是连续函数，且 $\int f(x)\,\mathrm{d}x = F(x) + c$，则 $\int F(x) f(x)\,\mathrm{d}x = $ _____.

4. 设 $f'(x) = 1$，且 $f(0) = 0$，则 $\int f(x)\,\mathrm{d}x = $ _____.

5. 设 $f(x) = \begin{cases} x & x \geqslant 0 \\ 1 & x < 0 \end{cases}$，则 $\int_{-1}^2 f(x)\,\mathrm{d}x = $ _____.

6. $\int_{-\pi}^{\pi} x^4 \sin x\,\mathrm{d}x = $ _____.

7. 若 $\int_0^a \dfrac{\mathrm{d}x}{(x+1)^2} = -1$，则 $a = $ _____.

8. $\int_0^1 \sqrt{1-x^2}\,\mathrm{d}x$ 在几何上表示围成的平面图形的面积为 _____.

9. $\int_0^1 (2x+k)\,\mathrm{d}x = 2$，则 $k = $ _____.

10. 设一平面图形由 $y=f(x),y=g(x),x=a,x=b$ 所围成,$f(x)>g(x)$,$f(x),g(x)$ 在$[a,b]$上连续,则该平面图形的面积是 _____.

三、求下列不定积分

1. $\int\left(\dfrac{3}{x}+\dfrac{x}{2}\right)^2 \mathrm{d}x$;

2. $\int 2^{x-2}\mathrm{d}x$;

3. $\int\cos\dfrac{x}{2}\left(\sin\dfrac{x}{2}+\cos\dfrac{x}{2}\right)\mathrm{d}x$;

4. $\int\sec x(\sec x+\tan x)\mathrm{d}x$;

5. $\int\dfrac{x^2}{1+x^2}\mathrm{d}x$;

6. $\int (x-4)^{\frac{3}{2}}\mathrm{d}x$;

7. $\int\dfrac{1}{(2-3x)^2}\mathrm{d}x$;

8. $\int x\sqrt{x^2+2}\,\mathrm{d}x$;

9. $\int\dfrac{1}{x^2}\sin\dfrac{1}{x}\mathrm{d}x$;

10. $\int \mathrm{e}^x\cos(\mathrm{e}^x+3)\mathrm{d}x$;

11. $\int\dfrac{\cos x}{\sin^2 x}\mathrm{d}x$;

12. $\int\dfrac{1}{x+\sqrt{x}}\mathrm{d}x$;

13. $\int\dfrac{1}{\sqrt[3]{x}+1}\mathrm{d}x$;

14. $\int x\mathrm{e}^{3x}\mathrm{d}x$;

15. $\int(2x+3)\sin x\,\mathrm{d}x$;

16. $\int x\arctan x\,\mathrm{d}x$;

17. $\int\dfrac{\ln x}{\sqrt{x}}\mathrm{d}x$.

四、求下列定积分的值

1. $\int_0^1\dfrac{\mathrm{d}x}{2+\sqrt[3]{x}}$;

2. $\int_{-1}^1\dfrac{x}{\sqrt{5-4x}}\mathrm{d}x$;

3. $\int_0^{\frac{\pi}{2}}\cos^5 x\sin x\,\mathrm{d}x$;

4. $\int_1^{\mathrm{e}}\dfrac{1+\ln x}{x}\mathrm{d}x$;

5. $\int_0^{\frac{1}{2}}\arcsin x\,\mathrm{d}x$;

6. $\int_0^1\arctan x\,\mathrm{d}x$;

7. $\int_0^1\ln(x^2+1)\mathrm{d}x$;

8. $\int_0^1 x\mathrm{e}^{2x}\mathrm{d}x$;

9. $\displaystyle\int_1^e x^2 \ln x \, dx$；

10. $\displaystyle\int_0^9 e^{\sqrt{x}} \, dx$.

五、求面积和体积

1. 求由曲线 $y = x^3$ 与 $y = \sqrt{x}$ 所围成平面图形的面积，并分别求此平面图形绕 x 轴和 y 轴旋转一周所得旋转体的体积.

2. 求由曲线 $xy = 1$ 与直线 $y = x$，$x = 2$ 所围成的平面图形的面积，并分别求此平面图形绕 x 轴和 y 轴旋转一周所得旋转体的体积.

参考答案

预备知识

1. $\sin\alpha=\dfrac{\sqrt{3}}{2}$，$\cos\alpha=\dfrac{1}{2}$，$\tan\alpha=\sqrt{3}$，$\cot\alpha=\dfrac{\sqrt{3}}{3}$，$\sec\alpha=2$，$\csc\alpha=\dfrac{2\sqrt{3}}{3}$.

2. $\sqrt{3}-\dfrac{\sqrt{2}}{2}$.

3. $-\dfrac{\pi}{4}$，$\dfrac{\pi}{4}$，$\dfrac{3\pi}{4}$，$-\dfrac{\pi}{4}$，$\dfrac{\pi}{6}$.

第一章　函数、极限与连续

习题 1.1

一、1. C　2. B　3. C.

二、1. $f(0)=0$，$f\left(\dfrac{\pi}{2}\right)=1$，$f(-1)=0$.

2. $f\{f[f(-2)]\}=4$.

三、1. $y=u^3$，$u=\sin v$，$v=2\ln x$.

2. $y=\sqrt{u}$，$u=\mathrm{e}^v+1$，$v=5x$.

3. $y=\ln u$，$u=\cot v$，$v=2x+5$.

4. $y = \arccos u, u = v^5, v = \mathrm{e}^x + 1$.

习题 1.2

1. 不存在. 2. $\dfrac{\pi}{2}, -\dfrac{\pi}{2}$, 不存在. 3. 不存在. 4.0. 5. 不存在,1,1.

习题 1.3

1. D.

2. (1) $-\dfrac{5}{7}$; (2) ∞; (3) $\dfrac{1}{2}$; (4) 0; (5) -8; (6) $\dfrac{1}{6}$.

3. (1) 2; (2) 0; (3) $-\dfrac{1}{2}$; (4) 8; (5) $-\dfrac{1}{3}$; (6) $\dfrac{1}{4}$; (7) $\dfrac{1}{2}$; (8) $\dfrac{4}{3}$.

习题 1.4

1. (1) D (2) B (3) B (4) C (5) B (6) A.

2. (1) 0 (2) 0 (3) 1.

3. (1) $x \to 0$ 时为无穷大, $x \to 2$ 时为无穷小;

   (2) $x \to 0^+$ 或 $x \to +\infty$ 时为无穷大, $x \to 1$ 时为无穷小;

   (3) $x \to +\infty$ 时为无穷大, $x \to 0$ 时为无穷小;

   (4) $x \to \infty$ 时为无穷大, $x \to -1$ 时为无穷小;

   (5) $x \to k\pi, k \in \mathbf{Z}$ 时为无穷小;

   (6) $x \to 0^+$ 时为无穷大, $x \to 0^-$ 时为无穷小.

4. $x^3 - x^2$.

5. (1) 等价; (2) 同阶.

习题 1.5

一、1. C 2. C 3. B 4. A 5. A 6. A 7. A 8. C 9. A 10. D.

二、1. 0. 2. $(1,2)$. 3. -1. 4. $(-1,1)$. 5. 1. 6. $(1,2) \bigcup (2, +\infty)$.

三、1. $a = -1, b = 0$. 2. 1. 3. 1. 4. 0. 5. 间断. 6. 间断.

四、1. $x=1, x=2$.　2. $x=1$.　3. $x=2$.

五、略.

六、略.

复习题(一)

一、1. B　2. B　3. D　4. D　5. C　6. C　7. C　8. D　9. B.

二、1. 1.　2. -1.　3. $a=0, b=2$.　4. 无穷.　5. $\dfrac{1}{3}$.　6. 0.　7. 4, -12.　8. 6, 8.

三、1. 0.　2. $\dfrac{2}{3}$.　3. $\dfrac{3}{10}$.　4. -1.　5. 0.　6. 1.　7. 0.　8. $\dfrac{3}{5}$.　9. 3.　10. $\dfrac{2}{3}$.

　　11. $\dfrac{1}{2}$.　12. 1.　13. 0.　14. $\dfrac{1}{2}$.　15. 1.　16. $\dfrac{1}{2}$.

四、1. $x=0$, 为可去间断点.　2. $x=0$, 为跳跃间断点.　3. $x=1$, 为跳跃间断点.

五、略.

六、略.

第二章　微分学

习题 2.1

一、1. C　2. A　3. B　4. C　5. A　6. B　7. C　8. B.

二、1. $y=2x+1$.　2. 2.

三、1. $y=-1$.　2. $a=2, b=1$.　3. 不连续且不可导.　4. 略.

习题 2.2

1. (1) $y' = 6x + \dfrac{4}{x^3}$.

$(2)\ y' = 2x\tan x + (1 + x^2)\sec^2 x.$

$(3)\ y' = \dfrac{-2x - (1 + \ln x)^2}{x^2(1 + \ln x)^2}.$

$(4)\ y' = \arcsin x + \dfrac{x}{\sqrt{1 - x^2}}.$

$(5)\ y' = \sin x\ln x + x\cos x\ln x + \sin x.$

$(6)\ y' = 2 + \dfrac{3}{x}.$

$(7)\ y' = \sin x\left(1 + \sec^2 x + \dfrac{1}{x^2}\right) - \dfrac{\cos x}{x}.$

$(8)\ y' = 1 - \dfrac{6x}{(1 + x^2)^2}.$

2. (1) 3　$\dfrac{5\pi^4}{16}.$　(2) $\dfrac{1}{25}$　$\dfrac{41}{45}.$

习题 2.3

一、1. C　2. A.

二、1. $y' = 48x(3x^2 + 1)^7.$

2. $y' = \dfrac{3x}{\sqrt{2 + 3x^2}}.$

3. $y' = \dfrac{1}{x\ln x}.$

4. $y' = \dfrac{1}{2}\csc^2\left(\dfrac{x}{2} - 1\right).$

5. $y' = -(x + 1)\sin 2x - \sin^2 x.$

6. $y' = 2x\sin(2x^2 + 2).$

7. $y' = \dfrac{1}{x^2}\sin\dfrac{1}{x}e^{\cos\frac{1}{x}}.$

8. $y' = \arcsin\dfrac{x}{2}.$

9. $y' = \dfrac{1}{x(1 - x)\ln 3}.$

10. $y' = 2x\sin\dfrac{1}{x} - \cos\dfrac{1}{x}$.

11. $y'\Big|_{x=\frac{\pi}{4}} = \dfrac{\sqrt{2}}{2} + 1 - \dfrac{\pi}{2}$.

12. $y'\Big|_{x=0} = -\dfrac{2}{3}$.

习题 2.4

一、1.1. 2. $(e+1)x + y - 1 = 0$. 3. $\dfrac{2x-y}{2y+x}$.

二、1. $\dfrac{\mathrm{d}y}{\mathrm{d}x} = \dfrac{1}{\ln y}$.

2. $\dfrac{\mathrm{d}y}{\mathrm{d}x} = \dfrac{2x-y}{e^y + 2x}$.

3. $\dfrac{\mathrm{d}y}{\mathrm{d}x} = \dfrac{1}{e^y - 1}$.

4. $\dfrac{\mathrm{d}y}{\mathrm{d}x} = \dfrac{e^y}{1 - xe^y}$.

5. $\dfrac{\mathrm{d}y}{\mathrm{d}x} = \dfrac{e^x - y}{x + e^y}$.

6. $\dfrac{\mathrm{d}y}{\mathrm{d}x} = \dfrac{2x - e^y}{xe^y - e^{-y} + ye^{-y}}$.

7. $\dfrac{\mathrm{d}y}{\mathrm{d}x} = \dfrac{-y - \dfrac{1}{x}}{x + \dfrac{1}{y}}$.

8. $\dfrac{\mathrm{d}y}{\mathrm{d}x} = \dfrac{2x + ye^x}{2y - e^x}$.

9. $\dfrac{\mathrm{d}y}{\mathrm{d}x}\Big|_{x=-1} = \pm\dfrac{1}{2}$.

习题 2.5

一、1. B 2. A 3. A 4. D 5. C.

二、1. 5.　2. $\dfrac{2}{(1+x)^3}$.　3. 11.

三、1. $y'' = 2\sec^2 x \tan x - \cos x$.

2. $y'' \Big|_{x=1} = \dfrac{73}{2}$.

3. $y''' = 6\ln^2 x + 22\ln x + 12$.

4. $y^{(n)} = (-1)^{n-1} \cdot \mathrm{e}^{-x}(n-x)$.

习题 2.6

1. $\mathrm{d}y = (\ln x + 1 - 2x)\mathrm{d}x$.

2. $\mathrm{d}y = \dfrac{1}{(1-x^2)^{\frac{3}{2}}}\mathrm{d}x$.

3. $\mathrm{d}y = \dfrac{1}{\sin x}\mathrm{d}x$.

4. $\mathrm{d}y = \dfrac{1}{2\sqrt{x-x^2}}\mathrm{d}x$.

5. $\mathrm{d}y = \dfrac{\cos x(1-x^2) + 2x\sin x}{(1-x^2)^2}\mathrm{d}x$.

6. $\mathrm{d}y = \left[x(2+x)\mathrm{e}^x - \dfrac{1}{2\sqrt{1-x}}\right]\mathrm{d}x$.

复习题(二)

一、1. A　2. B　3. B　4. B　5. D　6. B　7. D　8. B　9. A　10. C.

二、1. $a = 2, b = -1$.　2. $\dfrac{2}{3}\sqrt{3}$.　3. $y = 3x - 1$.　4. $a = -2, b = 4$.　5. 2e.

6. $\dfrac{1}{4}$.　7. 24.　8. $\ln x, \dfrac{\mathrm{e}^{2x}}{2}, \tan x, 2\sqrt{x}$.　9. $\dfrac{2\mathrm{d}x}{x\ln 2}$.

三、1. $y' = \dfrac{2}{\sqrt[3]{x}} + \dfrac{3}{x^4}$.

2. $y' = e^{-x} \sin e^{-x}$.

3. $y' = \dfrac{\sin x - 1}{(x + \cos x)^2}$.

4. $y' = 2x \arctan x + 1$.

5. $y' = \dfrac{\ln x + x + 1}{(1 + x)^2}$.

6. $y' = \dfrac{2\cos(\ln x^2)}{x}$.

7. $y' = \dfrac{-2}{x(1 + \ln x)^2}$.

8. $y' = -\dfrac{\ln 2}{x^2} \cdot \sec^2 \dfrac{1}{x} \cdot 2^{\tan \frac{1}{x}}$.

9. $y' = e^x \sin x^2 + x e^x \sin x^2 + 2x^2 e^x \cos x^2$.

10. $y' = \tan^2 x + 2\cos x + 1$.

11. $y' = \dfrac{1}{x^2 - 1}$.

12. $a = 2, b = -1$.

四、1. $\dfrac{dy}{dx} = \dfrac{e^x - y\cos xy}{e^y + x\cos xy}$.

2. $\dfrac{dy}{dx} = \dfrac{\sqrt{1 - (x - y)^2} - 1}{3y^2 \sqrt{1 - (x - y)^2} - 1}$.

3. $\dfrac{dy}{dx} = \dfrac{-4x - 3y}{3x + 15y^2}$.

4. $\dfrac{dy}{dx} = \dfrac{e^y + 2x}{1 - xe^y}$.

5. $\dfrac{dy}{dx} = \dfrac{\cos(x + y)}{1 - \cos(x + y)}$.

6. $\dfrac{dy}{dx} = \dfrac{x + y}{x - y}$.

7. $\dfrac{dy}{dx}\Big|_{x=0} = -\dfrac{1}{2}$.

8. $\dfrac{dy}{dx}\Big|_{x=0} = -1$.

五、1. $y'' = 6x\ln x + 5x$.

2. $y'' = e^{\cos x}(\sin^2 x - \cos x)$.

3. $y'' = \dfrac{2x-1}{4x\sqrt{x}}e^{\sqrt{x}}$.

4. $y'' = \dfrac{1}{(x+2)^2} - \dfrac{1}{(x-2)^2}$.

六、1. $dy = \dfrac{1}{2}\cot\dfrac{x}{2}dx$.

2. $dy = e^{-x}\big[\sin(3-x) - \cos(3-x)\big]dx$.

3. $dy = \dfrac{1}{1+x^2}dx$.

4. $dy = -\dfrac{1}{\sqrt{1-x^2}}dx$.

七、1. $a = d = 1, b = c = 0$.   2. $y = -\dfrac{1}{4}(x-1)$.   3. $y = \dfrac{1}{3}x + \dfrac{2}{3}$.

第三章　　导数的应用

习题 3.1

一、1. D　2. D　3. B.

二、1. 1.　2. 1.

三、1. (1)$(-\infty, -2) \cup (1, +\infty)\nearrow, (-2,1)\searrow$;

(2)$x \in (-\infty, +\infty)\searrow$;

(3)$(-\infty, 0)\searrow, (0, +\infty)\nearrow$;

(4)$(0, e)\nearrow, (e, +\infty)\searrow$;

(5)$(-\infty, 0) \cup (2, +\infty)\nearrow, (0,2)\searrow$;

(6)$(-\infty, -2) \cup (0, +\infty)\nearrow, (-2,0)\searrow$.

2. (1) 极小值点 $(0,0)$;

(2) 极小值点 $(0,0)$,极大值点 $(2,4\mathrm{e}^{-2})$;

(3) 极小值点 $(0,0)$;

(4) 极大值点 $\left(\dfrac{3}{4},\dfrac{5}{4}\right)$.

3. $(-\infty,-1)\bigcup(0,+\infty)\nearrow$,$(-1,0)\searrow$,极大值 1,极小值 0.

4. $a=10,b=-23$.

习题 3.2

1. (1) $y_{min}=4$,$y_{max}=13$;   (2) $y_{min}=0$,$y_{max}=1$;

(3) $y_{min}=1-\dfrac{2}{3}\sqrt[3]{4}$,$y_{max}=1$;   (4) $y_{min}=0$,$y_{max}=\ln 5$;

(5) $y_{min}=-\dfrac{1}{2}$,$y_{max}=\dfrac{1}{2}$.

2. 底为 10 m,高为 5 m 时,材料最省.

3. $\dfrac{2}{27}a^{3}$.

4. 长为 10 m,宽为 5 m 时,面积最大.

5. 100,7100.

习题 3.3

一、1. B   2. A   3. A   4. A   5. D.

二、1. $(0,0)$.   2. $(0,0)$,$\left(\dfrac{3}{2},\dfrac{81}{16}\right)$.   3. -3.   4. $(-\infty,0)$.   5. $\dfrac{2\pm\sqrt{2}}{2}$.

6. $(1,1)$.   7. $y=x$.   8. $a=-3,b=1$.

三、1. (1) $(-\infty,1)$ 和 $(2,+\infty)\cup$,$(1,2)\cap$,拐点 $(1,-3)$ 和 $(2,6)$;

(2) $(-\infty,0)\cup$,$(0,+\infty)\cap$,拐点 $(0,0)$;

(3) $(0,+\infty)\cup$,无拐点;

(4) $(-\infty,-\sqrt{3})$ 和 $(0,\sqrt{3})\cap$,$(-\sqrt{3},0)$ 和 $(\sqrt{3},+\infty)\cup$,拐点 $(0,0)$,

$$\left(-\sqrt{3},-\frac{\sqrt{3}}{4}\right),\left(\sqrt{3},\frac{\sqrt{3}}{4}\right).$$

2. (1)$x=1,x=2,y=0$; (2)$x=-1,y=x-5$;

(3)$x=0,y=2$; (4)$x=0,y=0.$

3. $a=-1,b=3.$

4. $a=0,b=-1,c=3.$

复习题(三)

一、1. C 2. C 3. C 4. C 5. A 6. A 7. C 8. A 9. B 10. D 11. B.

二、1. 递减. 2. $(-1,0)\bigcup(0,1)$. 3. $(-\infty,2)$. 4. $\sqrt{2}$. 5. $3,-37.$

6. $2,-19$. 7. $(0,0)$. 8. $(0,0)$. 9. $(2,2e^{-2})$. 10. e^{-1}. 11. $y=0$.

12. $x=\frac{1}{2}.$

三、1. $a=0,b=-3.$

2. 极大值，$\sqrt{3}$.

3. $y_{max}=\frac{13}{16},y_{min}=\frac{1}{2}.$

4. e,0.

5. $(-\infty,0)\bigcup(1,+\infty)\uparrow,(0,1)\downarrow$,极大值点$(0,0)$,

极小值点$\left(1,-\frac{1}{3}\right),(-\infty,\infty)\cup$,无拐点.

6. $a=-\frac{3}{2},b=\frac{9}{2}.$

7. $a=3,b=-9,c=8.$

8. 长 15 m,宽 10 m 9. 底半径 2 cm,高 4 cm.

第四章　积分学

习题 4.1

一、1. A　2. C　3. A　4. C　5. C　6. B　7. B.

二、1. $6x\,\mathrm{d}x$.　2. $-2\sin x-1$.　3. $\mathrm{e}^x-\cos x$.　4. x^2+c.　5. $\dfrac{x^3}{6}+\dfrac{x^2}{2}+c_1x+c_2$.

　　6. $-\sin x+c$.　7. $2\cos(2x-1)$.　8. $-\sin x$.　9. $F(x)+c$.

三、1. $\dfrac{x^4}{4}-2\cos x-3\mathrm{e}^x+c$.

　　2. $2\sin x+\dfrac{2^x}{\ln 2}-4\ln|x|+c$.

　　3. $3\arctan x+2\tan x-4\arcsin x+c$.

　　4. $\dfrac{x^2}{2}-2\ln|x|-\cos x+c$.

　　5. $x-2\arctan x+c$.

　　6. $\ln|x|+\arctan x+c$.

　　7. $\tan x-x+c$.

习题 4.2

一、1. D　2. D.

二、1. $-\dfrac{1}{3}\cos^3x+c$.　2. $x+c$.　3. $(1+x^2)^2+c$.　4. $\ln^2x+c$.

三、1. $\dfrac{1}{33}(3x-1)^{11}+c$.

　　2. $\dfrac{2}{9}(3x+5)^{\frac{3}{2}}+c$.

　　3. $\mathrm{e}^{x^2}+c$.

　　4. $\dfrac{1}{3}(x^2+4)^{\frac{3}{2}}+c$.

5. $2\sin\sqrt{x} + c$.

6. $-\dfrac{1}{2}e^{-2x} + c$.

7. $-e^{\frac{1}{x}} + c$.

8. $-\ln|\cos x| + c$.

9. $\dfrac{1}{3}\tan(3x - 1) + c$.

10. $\dfrac{1}{6}\arctan\dfrac{3}{2}x + c$.

11. $-\sqrt{1 - x^2} + c$.

12. $\dfrac{2}{3}\sqrt{1 + x^3} + c$.

13. $2\arctan\sqrt{x} + c$.

14. $\dfrac{1}{4}\ln\left|\dfrac{x+1}{x+5}\right| + c$.

15. $\arctan(x + 2) + c$.

16. $\dfrac{1}{2}\ln(x^2 + 4x + 5) - 3\arctan(x + 1) + c$.

17. $\ln\dfrac{e^x}{1 + e^x} + c$.

18. $\arctan e^x + c$.

19. $\dfrac{x}{2} + \dfrac{1}{4}\sin 2x + c$.

20. $\sin x - \dfrac{1}{3}\sin^3 x + c$.

21. $-\dfrac{1}{3}\cos^3 x + c$.

22. $\ln|1 + \tan x| + c$.

习题 4.3

(1) $\sqrt{2x} - \ln(1 + \sqrt{2x}) + c$;　　　(2) $2\sqrt{x+1} - 4\ln(\sqrt{x+1} + 2) + c$;

$(3) x - 2\sqrt{x} + 2\ln(1 + \sqrt{x}) + c;$ $(4) \dfrac{2}{3} e^{3\sqrt{x}} + c;$

$(5) 2\sqrt{1-x} + \ln \dfrac{1 - \sqrt{1-x}}{1 + \sqrt{1-x}} + c;$ $(6) 2\arctan\sqrt{x-1} + c;$

$(7) 6\sqrt[6]{x} - 6\arctan\sqrt[6]{x} + c;$ $(8) -\dfrac{1}{3}(4 - x^2)^{\frac{3}{2}} + c;$

$(9) \dfrac{\sqrt{x^2 - 1}}{x} + c;$ $(10) \dfrac{x}{\sqrt{x^2 + 1}} + c;$

$(11) -\dfrac{\sqrt{4 - x^2}}{4x} + c;$ $(12) \dfrac{1}{2}\ln x - \dfrac{1}{2}\ln(2 + \sqrt{4 - x^2}) + c.$

习题 4.4

$(1) x\ln 2x - x + c;$ $(2) x\arcsin x + \sqrt{1 - x^2} + c;$

$(3) 2x e^x + e^x + c;$ $(4) -x e^{-x} - e^{-x} + c;$

$(5) -\dfrac{1}{2}x\cos 2x + \dfrac{1}{4}\sin 2x + c;$ $(6) 2x\sin x + 2\cos x + \sin x + c;$

$(7) \dfrac{x^3}{3}\ln x - \dfrac{x^3}{9} + c;$ $(8) \dfrac{1}{5} e^{2x}(2\cos x + \sin x) + c;$

$(9) 2\sqrt{x}\sin\sqrt{x} + 2\cos\sqrt{x} + c.$

习题 4.5

一、1. C 2. D 3. C.

二、1. 10. 2. $\dfrac{5}{2}$. 3. 4. 4. $2\sqrt{2}$. 5. $-\dfrac{1}{6}$. 6. $\dfrac{23}{6}$. 7. $\dfrac{\ln 2}{2}$.

三、略

四、1. $\displaystyle\int_2^3 x^2 \, dx < \int_2^3 x^3 \, dx.$

2. $\displaystyle\int_0^1 x \, dx > \int_0^1 \ln(1 + x) \, dx.$

3. $\displaystyle\int_0^{\frac{\pi}{4}} \cos x \, dx > \int_0^{\frac{\pi}{4}} \sin x \, dx.$

4. $\int_0^1 e^x \, dx > \int_0^1 (1+x) \, dx$.

五、1. $\dfrac{92}{3}$.   2. $2e-2$.   3. $\dfrac{\pi}{3}$.   4. $\dfrac{40}{3}$.   5. 4.

六、$f(x) = 6x^2 - 2x$.

习题 4.6

一、1. C   2. D   3. B   4. B   5. B   6. D   7. B   8. B.

二、1. ln3.   2. 6.   3. $\dfrac{4}{3}$.   4. 0.   5. 2.   6. 0.   7. e.   8. $\dfrac{\pi}{2}$.

三、1. 10.   2. $\dfrac{1}{6}$.   3. $e-1$.   4. $\dfrac{1}{3}$.   5. $\dfrac{3}{2}$.   6. $2-\sqrt{2}$.   7. $\dfrac{1}{6}(6-3\sqrt{3}+\pi)$.

8. $1+\ln2-\ln(1+e)$.   9. $\arctan e - \dfrac{\pi}{4}$.   10. $2-2\ln2$.   11. $\dfrac{\pi}{6}$.

12. $4-2\ln3$.   13. $3\ln3$.   14. $4-2\arctan2$.   15. π.   16. 1.   17. $-\dfrac{1}{18}(2+3\pi)$.

18. $\dfrac{e^2+1}{4}$.   19. -4.   20. 1.   21. 2.

习题 4.7

1. $S = \dfrac{2}{3}\left(1-\dfrac{1}{\sqrt{2}}\right), V = \dfrac{\pi}{4}$.

2. $S = \dfrac{20\sqrt{3}}{3}, V = 6\pi$.

3. $S = \dfrac{e^2-3}{2}, V_x = \pi\left(\dfrac{e^3}{3}+\dfrac{1}{e}-\dfrac{4}{3}\right), V_y = \pi\left(\dfrac{2}{3}e^3-2e+\dfrac{4}{3}\right)$.

4. $S = 2(\sqrt{2}-1), V = \pi$.

5. $S = \dfrac{5}{6}, V_x = \dfrac{11\pi}{6}, V_y = \dfrac{8\pi}{15}$.

复习题(四)

一、1. C 2. C 3. A 4. B 5. D 6. C 7. B 8. D 9. D.

二、1. $e^x - \sin x$. 2. $y = x^2 - 1$. 3. $\dfrac{1}{2}[F(x)]^2 + c$. 4. $\dfrac{1}{2}x^2 + c$. 5. 3. 6. 0.

7. $-\dfrac{1}{2}$. 8. $\dfrac{\pi}{4}$. 9. 1. 10. $S = \displaystyle\int_a^b [f(x) - g(x)]dx$.

三、1. $-\dfrac{9}{x} + 3x + \dfrac{x^3}{12} + c$.

2. $\dfrac{2^{x-2}}{\ln 2} + c$.

3. $\dfrac{1}{2}\sin x - \dfrac{1}{2}\cos x + \dfrac{1}{2}x + c$.

4. $\sec x + \tan x + c$.

5. $x - \arctan x + c$.

6. $\dfrac{2}{5}(x-4)^{\frac{5}{2}} + c$.

7. $\dfrac{1}{3(2-3x)} + c$.

8. $\dfrac{1}{3}(x^2+2)^{\frac{3}{2}} + c$.

9. $\cos \dfrac{1}{x} + c$.

10. $\sin(e^x + 3) + c$.

11. $-\dfrac{1}{\sin x} + c$.

12. $2\ln|1+\sqrt{x}| + c$.

13. $\dfrac{3}{2}x^{\frac{2}{3}} - 3x^{\frac{1}{3}} + 3\ln|1+x^{\frac{1}{3}}| + c$.

14. $\dfrac{1}{3}x\,\mathrm{e}^{3x}-\dfrac{1}{9}\mathrm{e}^{3x}+c$.

15. $-(2x+3)\cos x+2\sin x+c$.

16. $\dfrac{x^{2}}{2}\arctan x-\dfrac{x}{2}+\dfrac{1}{2}\arctan x+c$.

17. $2\sqrt{x}\ln x-4\sqrt{x}+c$.

四、1. $-\dfrac{9}{2}+12\ln\dfrac{3}{2}$.

2. $\dfrac{1}{6}$.

3. $\dfrac{1}{6}$.

4. $\dfrac{3}{2}$.

5. $\dfrac{\pi}{12}+\dfrac{\sqrt{3}}{2}-1$.

6. $\dfrac{\pi}{4}-\dfrac{1}{2}\ln 2$.

7. $\ln 2-2+\dfrac{\pi}{2}$.

8. $\dfrac{1}{4}\mathrm{e}^{2}+\dfrac{1}{4}$.

9. $\dfrac{2}{9}\mathrm{e}^{3}+\dfrac{1}{9}$.

10. $4\mathrm{e}^{3}+2$.

五、1. $\dfrac{5}{12}$ $\dfrac{5\pi}{14}$ $\dfrac{2\pi}{5}$.

2. $\dfrac{3}{2}-\ln 2$ $\dfrac{11\pi}{6}$ $\dfrac{8\pi}{3}$.

附录　简易积分表

一、含有 $a + bx$ 的积分

1. $\displaystyle\int \frac{\mathrm{d}x}{a + bx} = \frac{1}{b}\ln|a + bx| + c$

2. $\displaystyle\int (a + bx)^n \mathrm{d}x = \frac{(a + bx)^{n+1}}{b(n + 1)} + c \, (n \neq -1)$

3. $\displaystyle\int \frac{x \mathrm{d}x}{a + bx} = \frac{1}{b^2}(bx - a\ln|a + bx|) + c$

4. $\displaystyle\int \frac{x^2 \mathrm{d}x}{a + bx} = \frac{1}{b^3}\left[\frac{1}{2}(a + bx)^2 - 2a(a + bx) + a^2\ln|a + bx|\right] + c$

5. $\displaystyle\int \frac{\mathrm{d}x}{x(a + bx)} = -\frac{1}{a}\ln\left|\frac{a + bx}{x}\right| + c$

6. $\displaystyle\int \frac{\mathrm{d}x}{x^2(a + bx)} = -\frac{1}{ax} + \frac{b}{a^2}\ln\left|\frac{a + bx}{x}\right| + c$

7. $\displaystyle\int \frac{x \mathrm{d}x}{(a + bx)^2} = \frac{1}{b^2}\left(\ln|a + bx| + \frac{a}{a + bx}\right) + c$

8. $\displaystyle\int \frac{x^2 \mathrm{d}x}{(a + bx)^2} = \frac{1}{b^3}\left(a + bx - 2a\ln|a + bx| - \frac{a^2}{a + bx}\right) + c$

9. $\displaystyle\int \frac{\mathrm{d}x}{x(a + bx)^2} = \frac{1}{a(a + bx)} - \frac{1}{a^2}\ln\left|\frac{a + bx}{x}\right| + c$

二、含有 $\sqrt{a+bx}$ 的积分

10. $\displaystyle\int \sqrt{a+bx}\,\mathrm{d}x = \frac{2}{3b}\sqrt{(a+bx)^3} + c$

11. $\displaystyle\int x\sqrt{a+bx}\,\mathrm{d}x = -\frac{2(2a-3bx)\sqrt{(a+bx)^3}}{15b^2} + c$

12. $\displaystyle\int x^2\sqrt{a+bx}\,\mathrm{d}x = \frac{2(8a^2-12abx+15b^2x^2)\sqrt{(a+bx)^3}}{105b^3} + c$

13. $\displaystyle\int \frac{x\,\mathrm{d}x}{\sqrt{a+bx}} = -\frac{2(2a-bx)}{3b^2}\sqrt{a+bx} + c$

14. $\displaystyle\int \frac{x^2\,\mathrm{d}x}{\sqrt{a+bx}} = \frac{2(8a^2-4abx+3b^2x^2)}{15b^3}\sqrt{a+bx} + c$

15. $\displaystyle\int \frac{\mathrm{d}x}{x\sqrt{a+bx}} = \begin{cases} \dfrac{1}{\sqrt{a}}\ln\dfrac{|\sqrt{a+bx}-\sqrt{a}\,|}{\sqrt{a+bx}+\sqrt{a}} + c\,(a>0) \\[3mm] \dfrac{2}{\sqrt{-a}}\arctan\sqrt{\dfrac{a+bx}{-a}} + c\,(a<0) \end{cases}$

16. $\displaystyle\int \frac{\mathrm{d}x}{x^2\sqrt{a+bx}} = -\frac{\sqrt{a+bx}}{ax} - \frac{b}{2a}\int \frac{\mathrm{d}x}{x\sqrt{a+bx}}$

17. $\displaystyle\int \frac{\sqrt{a+bx}}{x}\,\mathrm{d}x = 2\sqrt{a+bx} + a\int \frac{\mathrm{d}x}{x\sqrt{a+bx}}$

三、含有 $a^2 \pm x^2$ 的积分

18. $\displaystyle\int \frac{\mathrm{d}x}{a^2+x^2} = \frac{1}{a}\arctan\frac{x}{a} + c$

19. $\int \dfrac{\mathrm{d}x}{(a^2+x^2)^n} = \dfrac{x}{2(n-1)a^2(x^2+a^2)^{n-1}} + \dfrac{2n-3}{2(n-1)a^2}\int \dfrac{\mathrm{d}x}{(x^2+a^2)^{n-1}}$

20. $\int \dfrac{\mathrm{d}x}{a^2-x^2} = \dfrac{1}{2a}\ln\left|\dfrac{a+x}{a-x}\right| + c$

21. $\int \dfrac{\mathrm{d}x}{x^2-a^2} = \dfrac{1}{2a}\ln\left|\dfrac{x-a}{x+a}\right| + c$

四、含有 $a \pm bx^2$ 的积分

22. $\int \dfrac{\mathrm{d}x}{a+bx^2} = \dfrac{1}{\sqrt{ab}}\arctan\sqrt{\dfrac{b}{a}}\,x + c\,(a>0,b>0)$

23. $\int \dfrac{\mathrm{d}x}{a-bx^2} = \dfrac{1}{2\sqrt{ab}}\ln\left|\dfrac{\sqrt{a}+\sqrt{b}\,x}{\sqrt{a}-\sqrt{b}\,x}\right| + c$

24. $\int \dfrac{x\,\mathrm{d}x}{a+bx^2} = \dfrac{1}{2b}\ln|a+bx^2| + c$

25. $\int \dfrac{x^2\,\mathrm{d}x}{a+bx^2} = \dfrac{x}{b} - \dfrac{a}{b}\int \dfrac{\mathrm{d}x}{a+bx^2}$

26. $\int \dfrac{\mathrm{d}x}{x(a+bx^2)} = \dfrac{1}{2a}\ln\left|\dfrac{x^2}{a+bx^2}\right| + c$

27. $\int \dfrac{\mathrm{d}x}{x^2(a+bx^2)} = -\dfrac{1}{ax} - \dfrac{b}{a}\int \dfrac{\mathrm{d}x}{a+bx^2}$

28. $\int \dfrac{\mathrm{d}x}{(a+bx^2)^2} = \dfrac{x}{2a(a+bx^2)} + \dfrac{1}{2a}\int \dfrac{\mathrm{d}x}{a+bx^2}$

五、含有 $\sqrt{x^2+a^2}\ (a>0)$ 的积分

29. $\int \sqrt{x^2+a^2}\,\mathrm{d}x = \dfrac{x}{2}\sqrt{x^2+a^2} + \dfrac{a^2}{2}\ln(x+\sqrt{x^2+a^2}) + c$

30. $\int \sqrt{(x^2+a^2)^3}\,\mathrm{d}x = \dfrac{x}{8}(2x^2+5a^2)\sqrt{x^2+a^2} + \dfrac{3a^4}{8}\ln(x+\sqrt{x^2+a^2}) + c$

31. $\int x\sqrt{x^2+a^2}\,\mathrm{d}x = \dfrac{\sqrt{(x^2+a^2)^3}}{3} + c$

32. $\int x^2\sqrt{x^2+a^2}\,\mathrm{d}x = \dfrac{x}{8}(2x^2+a^2)\sqrt{x^2+a^2} - \dfrac{a^4}{8}\ln(x+\sqrt{x^2+a^2}) + c$

33. $\int \dfrac{\mathrm{d}x}{\sqrt{x^2+a^2}} = \ln(x+\sqrt{x^2+a^2}) + c$

34. $\int \dfrac{\mathrm{d}x}{\sqrt{(x^2+a^2)^3}} = \dfrac{x}{a^2\sqrt{x^2+a^2}} + c$

35. $\int \dfrac{x\,\mathrm{d}x}{\sqrt{x^2+a^2}} = \sqrt{x^2+a^2} + c$

36. $\int \dfrac{x^2\,\mathrm{d}x}{\sqrt{x^2+a^2}} = \dfrac{x}{2}\sqrt{x^2+a^2} - \dfrac{a^2}{2}\ln(x+\sqrt{x^2+a^2}) + c$

37. $\int \dfrac{x^2\,\mathrm{d}x}{\sqrt{(x^2+a^2)^3}} = -\dfrac{x}{\sqrt{x^2+a^2}} + \ln(x+\sqrt{x^2+a^2}) + c$

38. $\int \dfrac{\mathrm{d}x}{x\sqrt{x^2+a^2}} = \dfrac{1}{a}\ln\dfrac{|x|}{a+\sqrt{x^2+a^2}} + c$

39. $\int \dfrac{\mathrm{d}x}{x^2\sqrt{x^2+a^2}} = -\dfrac{\sqrt{x^2+a^2}}{a^2 x} + c$

40. $\int \dfrac{\sqrt{x^2+a^2}\,\mathrm{d}x}{x} = \sqrt{x^2+a^2} + a\ln\dfrac{\sqrt{x^2+a^2}-a}{|x|} + c$

41. $\int \dfrac{\sqrt{x^2+a^2}\,\mathrm{d}x}{x^2} = -\dfrac{\sqrt{x^2+a^2}}{x} + \ln(x+\sqrt{x^2+a^2}) + c$

六、含有 $\sqrt{x^2-a^2}\,(a>0)$ 的积分

42. $\int \dfrac{\mathrm{d}x}{\sqrt{x^2-a^2}} = \ln|x+\sqrt{x^2-a^2}| + c$

43. $\displaystyle\int \frac{\mathrm{d}x}{\sqrt{(x^2-a^2)^3}} = -\frac{x}{a^2\sqrt{x^2-a^2}} + c$

44. $\displaystyle\int \frac{x\,\mathrm{d}x}{\sqrt{x^2-a^2}} = \sqrt{x^2-a^2} + c$

45. $\displaystyle\int \sqrt{x^2-a^2}\,\mathrm{d}x = \frac{x}{2}\sqrt{x^2-a^2} - \frac{a^2}{2}\ln|x+\sqrt{x^2-a^2}| + c$

46. $\displaystyle\int \sqrt{(x^2-a^2)^3}\,\mathrm{d}x = \frac{x}{8}(2x^2-5a^2)\sqrt{x^2-a^2} + \frac{3a^4}{8}\ln|x+\sqrt{x^2-a^2}| + c$

47. $\displaystyle\int x\sqrt{x^2-a^2}\,\mathrm{d}x = \frac{\sqrt{(x^2-a^2)^3}}{3} + c$

48. $\displaystyle\int x\sqrt{(x^2-a^2)^3}\,\mathrm{d}x = \frac{\sqrt{(x^2-a^2)^5}}{5} + c$

49. $\displaystyle\int x^2\sqrt{x^2-a^2}\,\mathrm{d}x = \frac{x}{8}(2x^2-a^2)\sqrt{x^2-a^2} - \frac{a^4}{8}\ln|x+\sqrt{x^2-a^2}| + c$

50. $\displaystyle\int \frac{x^2\,\mathrm{d}x}{\sqrt{x^2-a^2}} = \frac{x}{2}\sqrt{x^2-a^2} + \frac{a^2}{2}\ln|x+\sqrt{x^2-a^2}| + c$

51. $\displaystyle\int \frac{x^2\,\mathrm{d}x}{\sqrt{(x^2-a^2)^3}} = -\frac{x}{\sqrt{x^2-a^2}} + \ln|x+\sqrt{x^2-a^2}| + c$

52. $\displaystyle\int \frac{\mathrm{d}x}{x\sqrt{x^2-a^2}} = \frac{1}{a}\arccos\frac{a}{|x|} + c$

53. $\displaystyle\int \frac{\mathrm{d}x}{x^2\sqrt{x^2-a^2}} = \frac{\sqrt{x^2-a^2}}{a^2 x} + c$

54. $\displaystyle\int \frac{\sqrt{x^2-a^2}}{x}\,\mathrm{d}x = \sqrt{x^2-a^2} - a\arccos\frac{a}{|x|} + c$

55. $\displaystyle\int \frac{\sqrt{x^2-a^2}}{x^2}\,\mathrm{d}x = -\frac{\sqrt{x^2-a^2}}{x} + \ln|x+\sqrt{x^2-a^2}| + c$

七、含有 $\sqrt{a^2-x^2}$ $(a>0)$ 的积分

56. $\displaystyle\int \frac{\mathrm{d}x}{\sqrt{a^2-x^2}} = \arcsin\frac{x}{a} + c$

57. $\displaystyle\int \frac{\mathrm{d}x}{\sqrt{(a^2-x^2)^3}} = \frac{x}{a^2\sqrt{a^2-x^2}} + c$

58. $\displaystyle\int \frac{x\,\mathrm{d}x}{\sqrt{a^2-x^2}} = -\sqrt{a^2-x^2} + c$

59. $\displaystyle\int \frac{x\,\mathrm{d}x}{\sqrt{(a^2-x^2)^3}} = \frac{1}{\sqrt{a^2-x^2}} + c$

60. $\displaystyle\int \frac{x^2\,\mathrm{d}x}{\sqrt{a^2-x^2}} = -\frac{x}{2}\sqrt{a^2-x^2} + \frac{a^2}{2}\arcsin\frac{x}{a} + c$

61. $\displaystyle\int \sqrt{a^2-x^2}\,\mathrm{d}x = \frac{x}{2}\sqrt{a^2-x^2} + \frac{a^2}{2}\arcsin\frac{x}{a} + c$

62. $\displaystyle\int \sqrt{(a^2-x^2)^3}\,\mathrm{d}x = \frac{x}{8}(5a^2-2x^2)\sqrt{a^2-x^2} + \frac{3a^4}{8}\arcsin\frac{x}{a} + c$

63. $\displaystyle\int x\sqrt{a^2-x^2}\,\mathrm{d}x = -\frac{\sqrt{(a^2-x^2)^3}}{3} + c$

64. $\displaystyle\int x\sqrt{(a^2-x^2)^3}\,\mathrm{d}x = -\frac{\sqrt{(a^2-x^2)^5}}{5} + c$

65. $\displaystyle\int x^2\sqrt{a^2-x^2}\,\mathrm{d}x = \frac{x}{8}(2x^2-a^2)\sqrt{a^2-x^2} + \frac{a^4}{8}\arcsin\frac{x}{a} + c$

66. $\displaystyle\int \frac{x^2\,\mathrm{d}x}{\sqrt{(a^2-x^2)^3}} = \frac{x}{\sqrt{a^2-x^2}} - \arcsin\frac{x}{a} + c$

67. $\displaystyle\int \frac{\mathrm{d}x}{x\sqrt{a^2-x^2}} = \frac{1}{a}\ln\left|\frac{x}{a+\sqrt{a^2-x^2}}\right| + c$

68. $\displaystyle\int \frac{\mathrm{d}x}{x^2\sqrt{a^2-x^2}} = -\frac{\sqrt{a^2-x^2}}{a^2 x} + c$

69. $\int \dfrac{\sqrt{a^2-x^2}}{x}\mathrm{d}x = \sqrt{a^2-x^2} - a\ln\left|\dfrac{a+\sqrt{a^2-x^2}}{x}\right| + c$

70. $\int \dfrac{\sqrt{a^2-x^2}}{x^2}\mathrm{d}x = -\dfrac{\sqrt{a^2-x^2}}{x} - \arcsin\dfrac{x}{a} + c$

八、含有 $a+bx\pm cx^2 (c>0)$ 的积分

71. $\int \dfrac{\mathrm{d}x}{a+bx-cx^2} = \dfrac{1}{\sqrt{b^2+4ac}}\ln\left|\dfrac{\sqrt{b^2+4ac}+2cx-b}{\sqrt{b^2+4ac}-2cx+b}\right| + c$

72. $\int \dfrac{\mathrm{d}x}{a+bx+cx^2} = \begin{cases} \dfrac{2}{\sqrt{4ac-b^2}}\arctan\dfrac{2cx+b}{\sqrt{4ac-b^2}} + c\,(b^2<4ac) \\[4mm] \dfrac{1}{\sqrt{b^2-4ac}}\ln\left|\dfrac{2cx+b-\sqrt{b^2-4ac}}{2ac+b+\sqrt{b^2-4ac}}\right| + c\,(b^2>4ac) \end{cases}$

九、含有 $\sqrt{a+bx\pm cx^2}\ (c>0)$ 的积分

73. $\int \dfrac{\mathrm{d}x}{\sqrt{a+bx+cx^2}} = \dfrac{1}{\sqrt{c}}\ln|2cx+b+2\sqrt{c}\,\sqrt{a+bx+cx^2}| + c$

74. $\int \sqrt{a+bx+cx^2}\,\mathrm{d}x = \dfrac{2cx+b}{4c}\sqrt{a+bx+cx^2} -$

$\dfrac{b^2-4ac}{8\sqrt{c^3}}\ln|2cx+b+2\sqrt{c}\,\sqrt{a+bx+cx^2}| + c$

75. $\int \dfrac{x\,\mathrm{d}x}{\sqrt{a+bx+cx^2}} = \dfrac{\sqrt{a+bx+cx^2}}{c} -$

$\dfrac{b}{2\sqrt{c^3}}\ln|2cx+b+2\sqrt{c}\,\sqrt{a+bx+cx^2}| + c$

76. $\int \dfrac{\mathrm{d}x}{\sqrt{a+bx-cx^2}} = -\dfrac{1}{\sqrt{c}}\arcsin\dfrac{2cx-b}{\sqrt{b^2+4ac}}+c$

77. $\int \sqrt{a+bx-cx^2}\,\mathrm{d}x = \dfrac{2cx-b}{4c}\sqrt{a+bx-cx^2}+\dfrac{b^2+4ac}{8\sqrt{c^3}}\arcsin\dfrac{2cx-b}{\sqrt{b^2+4ac}}+c$

78. $\int \dfrac{x\,\mathrm{d}x}{\sqrt{a+bx-cx^2}} = -\dfrac{\sqrt{a+bx-cx^2}}{c}+\dfrac{b}{2\sqrt{c^3}}\arcsin\dfrac{2cx-b}{\sqrt{b^2+4ac}}+c$

十、含有 $\sqrt{\dfrac{a\pm x}{b\pm x}}$ 的积分和含有 $\sqrt{(x-a)(b-x)}$ 的积分

79. $\int \sqrt{\dfrac{a+x}{b+x}}\,\mathrm{d}x = \sqrt{(a+x)(b+x)}+(a-b)\ln(\sqrt{a+x}+\sqrt{b+x})+c$

80. $\int \sqrt{\dfrac{a-x}{b+x}}\,\mathrm{d}x = \sqrt{(a-x)(b+x)}+(a+b)\arcsin\sqrt{\dfrac{b+x}{b+a}}+c$

81. $\int \sqrt{\dfrac{a+x}{b-x}}\,\mathrm{d}x = -\sqrt{(a+x)(b-x)}-(a+b)\arcsin\sqrt{\dfrac{b-x}{a+b}}+c$

82. $\int \dfrac{\mathrm{d}x}{\sqrt{(x-a)(b-x)}} = 2\arcsin\sqrt{\dfrac{x-a}{b-a}}+c$

十一、含有三角函数的积分

83. $\int \sin x\,\mathrm{d}x = -\cos x+c$

84. $\int \cos x\,\mathrm{d}x = \sin x+c$

85. $\int \tan x\,\mathrm{d}x = -\ln|\cos x|+c$

86. $\int \cot x\,\mathrm{d}x = \ln|\sin x|+c$

87. $\int \sec x \, dx = \ln|\sec x + \tan x| + c = \ln\left|\tan\left(\dfrac{\pi}{4} + \dfrac{x}{2}\right)\right| + c$

88. $\int \csc x \, dx = \ln|\csc x - \cot x| + c = \ln\left|\tan\dfrac{x}{2}\right| + c$

89. $\int \sec^2 x \, dx = \tan x + c$

90. $\int \csc^2 x \, dx = -\cot x + c$

91. $\int \sec x \tan x \, dx = \sec x + c$

92. $\int \csc x \cot x \, dx = -\csc x + c$

93. $\int \sin^2 x \, dx = \dfrac{x}{2} - \dfrac{1}{4}\sin 2x + c$

94. $\int \cos^2 x \, dx = \dfrac{x}{2} + \dfrac{1}{4}\sin 2x + c$

95. $\int \sin^n x \, dx = -\dfrac{\sin^{n-1} x \cos x}{n} + \dfrac{n-1}{n}\int \sin^{n-2} x \, dx$

96. $\int \cos^n x \, dx = \dfrac{\cos^{n-1} x \sin x}{n} + \dfrac{n-1}{n}\int \cos^{n-2} x \, dx$

97. $\int \dfrac{dx}{\sin^n x} = -\dfrac{1}{n-1}\dfrac{\cos x}{\sin^{n-1} x} + \dfrac{n-2}{n-1}\int \dfrac{dx}{\sin^{n-2} x}$

98. $\int \dfrac{dx}{\cos^n x} = \dfrac{1}{n-1}\dfrac{\sin x}{\cos^{n-1} x} + \dfrac{n-2}{n-1}\int \dfrac{dx}{\cos^{n-2} x}$

99. $\int \cos^m x \sin^n x \, dx = \dfrac{\cos^{m-1} x \sin^{n+1} x}{m+n} + \dfrac{m-1}{m+n}\int \cos^{m-2} x \sin^n x \, dx$

$$= -\dfrac{\sin^{n-1} x \cos^{m+1} x}{m+n} + \dfrac{n-1}{m+n}\int \cos^m x \sin^{n-2} x \, dx$$

100. $\int \sin mx \cos nx \, dx = -\dfrac{\cos(m+n)x}{2(m+n)} - \dfrac{\cos(m-n)x}{2(m-n)} + c \, (m \neq n)$

101. $\int \sin mx \sin nx \, dx = -\dfrac{\sin(m+n)x}{2(m+n)} + \dfrac{\sin(m-n)x}{2(m-n)} + c \, (m \neq n)$

102. $\int \cos mx \cos nx \, dx = \dfrac{\sin(m+n)x}{2(m+n)} + \dfrac{\sin(m-n)x}{2(m-n)} + c \, (m \neq n)$

103. $\displaystyle\int \frac{dx}{a+b\sin x} = \frac{2}{\sqrt{a^2-b^2}}\arctan \frac{a\tan\dfrac{x}{2}+b}{\sqrt{a^2-b^2}} + c\,(a^2>b^2)$

104. $\displaystyle\int \frac{dx}{a+b\sin x} = \frac{1}{\sqrt{b^2-a^2}}\ln\left|\frac{a\tan\dfrac{x}{2}+b-\sqrt{b^2-a^2}}{a\tan\dfrac{x}{2}+b+\sqrt{b^2-a^2}}\right| + c\,(a^2<b^2)$

105. $\displaystyle\int \frac{dx}{a+b\cos x} = \frac{2}{\sqrt{a^2-b^2}}\arctan\left(\sqrt{\frac{a-b}{a+b}}\tan\frac{x}{2}\right) + c\,(a^2>b^2)$

106. $\displaystyle\int \frac{dx}{a+b\cos x} = \frac{1}{\sqrt{b^2-a^2}}\ln\left|\frac{\tan\dfrac{x}{2}+\sqrt{\dfrac{b+a}{b-a}}}{\tan\dfrac{x}{2}-\sqrt{\dfrac{b+a}{b-a}}}\right| + c\,(a^2<b^2)$

107. $\displaystyle\int \frac{dx}{a^2\cos^2 x+b^2\sin^2 x} = \frac{1}{ab}\arctan\left(\frac{b\tan x}{a}\right) + c$

108. $\displaystyle\int \frac{dx}{a^2\cos^2 x-b^2\sin^2 x} = \frac{1}{2ab}\ln\left|\frac{b\tan x+a}{b\tan x-a}\right| + c$

109. $\displaystyle\int x\sin ax\,dx = \frac{1}{a^2}\sin ax - \frac{1}{a}x\cos ax + c$

110. $\displaystyle\int x^2\sin ax\,dx = \frac{-1}{a}x^2\cos ax + \frac{2}{a^2}x\sin ax + \frac{2}{a^3}\cos ax + c$

111. $\displaystyle\int x\cos ax\,dx = \frac{1}{a^2}\cos ax + \frac{1}{a}x\sin ax + c$

112. $\displaystyle\int x^2\cos ax\,dx = \frac{1}{a}x^2\sin ax + \frac{2}{a^2}x\cos ax - \frac{2}{a^3}\sin ax + c$

十二、含有反三角函数的积分

113. $\displaystyle\int \arcsin\frac{x}{a}\,dx = x\arcsin\frac{x}{a} + \sqrt{a^2-x^2} + c$

114. $\int x\arcsin\dfrac{x}{a}\mathrm{d}x=\left(\dfrac{x^2}{2}-\dfrac{a^2}{4}\right)\arcsin\dfrac{x}{a}+\dfrac{x}{4}\sqrt{a^2-x^2}+c$

115. $\int x^2\arcsin\dfrac{x}{a}\mathrm{d}x=\dfrac{x^3}{3}\arcsin\dfrac{x}{a}+\dfrac{1}{9}(x^2+2a^2)\sqrt{a^2-x^2}+c$

116. $\int\arccos\dfrac{x}{a}\mathrm{d}x=x\arccos\dfrac{x}{a}-\sqrt{a^2-x^2}+c$

117. $\int x\arccos\dfrac{x}{a}\mathrm{d}x=\left(\dfrac{x^2}{2}-\dfrac{a^2}{4}\right)\arccos\dfrac{x}{a}-\dfrac{x}{4}\sqrt{a^2-x^2}+c$

118. $\int x^2\arccos\dfrac{x}{a}\mathrm{d}x=\dfrac{x^3}{3}\arccos\dfrac{x}{a}-\dfrac{1}{9}(x^2+2a^2)\sqrt{a^2-x^2}+c$

119. $\int\arctan\dfrac{x}{a}\mathrm{d}x=x\arctan\dfrac{x}{a}-\dfrac{a}{2}\ln(a^2+x^2)+c$

120. $\int x\arctan\dfrac{x}{a}\mathrm{d}x=\dfrac{1}{2}(x^2+a^2)\arctan\dfrac{x}{a}-\dfrac{ax}{2}+c$

121. $\int x^2\arctan\dfrac{x}{a}\mathrm{d}x=\dfrac{x^3}{3}\arctan\dfrac{x}{a}-\dfrac{ax^2}{6}+\dfrac{a^3}{6}\ln(a^2+x^2)+c$

十三、含有指数函数的积分

122. $\int a^x\mathrm{d}x=\dfrac{a^x}{\ln a}+c$

123. $\int\mathrm{e}^{ax}\mathrm{d}x=\dfrac{\mathrm{e}^{ax}}{a}+c$

124. $\int\mathrm{e}^{ax}\sin bx\,\mathrm{d}x=\dfrac{\mathrm{e}^{ax}(a\sin bx-b\cos bx)}{a^2+b^2}+c$

125. $\int\mathrm{e}^{ax}\cos bx\,\mathrm{d}x=\dfrac{\mathrm{e}^{ax}(b\sin bx+a\cos bx)}{a^2+b^2}+c$

126. $\int x\mathrm{e}^{ax}\mathrm{d}x=\dfrac{\mathrm{e}^{ax}}{a^2}(ax-1)+c$

127. $\int x^n\mathrm{e}^{ax}\mathrm{d}x=\dfrac{x^n\mathrm{e}^{ax}}{a}-\dfrac{n}{a}\int x^{n-1}\mathrm{e}^{ax}\mathrm{d}x$

128. $\int x a^{mx}\,dx = \dfrac{x a^{mx}}{m\ln a} - \dfrac{a^{mx}}{(m\ln a)^2} + c$

129. $\int x^n a^{mx}\,dx = \dfrac{a^{mx} x^n}{m\ln a} - \dfrac{n}{m\ln a}\int x^{n-1} a^{mx}\,dx$

130. $\int e^{ax}\sin^n bx\,dx = \dfrac{e^{ax}\sin^{n-1} bx}{a^2 + b^2 n^2}(a\sin bx - n\,b\cos bx) + \dfrac{n(n-1)}{a^2 + b^2 n^2}b^2 \int e^{ax}\sin^{n-2} bx\,dx$

131. $\int e^{ax}\cos^n bx\,dx = \dfrac{e^{ax}\cos^{n-1} bx}{a^2 + b^2 n^2}(a\cos bx + n\,b\sin bx) + \dfrac{n(n-1)}{a^2 + b^2 n^2}b^2 \int e^{ax}\cos^{n-2} bx\,dx$

十四、含有对数函数的积分

132. $\int \ln x\,dx = x\ln x - x + c$

133. $\int \dfrac{dx}{x\ln x} = \ln|\ln x| + c$

134. $\int x^n \ln x\,dx = x^{n+1}\left[\dfrac{\ln x}{n+1} - \dfrac{1}{(n+1)^2}\right] + c$

135. $\int \ln^n x\,dx = x\ln^n x - n\int \ln^{n-1} x\,dx$

136. $\int x^m \ln^n x\,dx = \dfrac{x^{m+1}}{m+1}\ln^n x - \dfrac{n}{m+1}\int x^m \ln^{n-1} x\,dx$

十五、定积分

137. $\int_{-\pi}^{\pi}\cos nx\,dx = \int_{-\pi}^{\pi}\sin nx\,dx = 0$

138. $\int_{-\pi}^{\pi}\cos mx\sin nx\,dx = 0$

139. $\displaystyle\int_{-\pi}^{\pi} \cos mx \cos nx \,\mathrm{d}x = \begin{cases} 0 & (m \neq n) \\ \pi & (m = n) \end{cases}$

140. $\displaystyle\int_{-\pi}^{\pi} \sin mx \sin nx \,\mathrm{d}x = \begin{cases} 0 & (m \neq n) \\ \pi & (m = n) \end{cases}$

141. $\displaystyle\int_{0}^{\pi} \sin mx \sin nx \,\mathrm{d}x = \begin{cases} 0 & (m \neq n) \\ \dfrac{\pi}{2} & (m = n) \end{cases}$

$\displaystyle\int_{0}^{\pi} \cos mx \cos nx \,\mathrm{d}x = \begin{cases} 0 & (m \neq n) \\ \dfrac{\pi}{2} & (m = n) \end{cases}$

142. $I_n = \displaystyle\int_{0}^{\frac{\pi}{2}} \sin^n x \,\mathrm{d}x = \int_{0}^{\frac{\pi}{2}} \cos^n x \,\mathrm{d}x$

$I_n = \dfrac{n-1}{n} I_{n-2}$

$\begin{cases} I_n = \dfrac{n-1}{n} \cdot \dfrac{n-3}{n-2} \cdots \cdot \dfrac{4}{5} \cdot \dfrac{2}{3} \ (n \text{ 为大于 1 的正奇数}), I_1 = 1 \\ I_n = \dfrac{n-1}{n} \cdot \dfrac{n-3}{n-2} \cdots \cdot \dfrac{3}{4} \cdot \dfrac{1}{2} \cdot \dfrac{\pi}{2} \ (n \text{ 为正偶数}), I_0 = \dfrac{\pi}{2} \end{cases}$